ACHAT

DU CHEVAL

MONTEREAU. — IMPRIMERIE DE L. ZANOTE,

BIBLIOTHÈQUE DU CULTIVATEUR
PUBLIÉE AVEC LE CONCOURS
DU MINISTRE DE L'AGRICULTURE

ACHAT
DU CHEVAL

OU

CHOIX RAISONNÉ DES CHEVAUX

D'APRÈS

LEUR CONFORMATION ET LEURS APTITUDES

PAR

EUGENE GAYOT.

PARIS
LIBRAIRIE AGRICOLE DE LA MAISON RUSTIQUE
26, RUE JACOB, 26

INTRODUCTION

Le cheval est un moteur vivant, c'est-à-dire une machine organisée qui puise ses forces dans son origine et dans sa structure, qui les renouvelle par l'alimentation, et dont les aptitudes sont appliquées à la satisfaction de divers besoins de l'homme.

L'effet utile d'un moteur dépend des conditions qui lui sont propres, en d'autres termes, de la nature des matériaux qui le constituent et de leur mode particulier d'agencement. Celles qui appartiennent au cheval appellent une étude spéciale de laquelle doit ressortir l'appréciation assez exacte de ses mérites, de sa valeur.

Acheter un cheval est chose vulgaire; le bien choisir est souvent malaisé. De prime abord, on se montre volontiers facile. Par lui-même, lors surtout qu'il est présenté avec quelque habileté, l'animal plaît vite si le vendeur a su lui donner un peu d'apparence, si l'acheteur n'est pas, faute d'expérience, à l'abri d'un peu d'enthousiasme. Mais combien ont regretté, le lendemain, les entraînements de la veille! Ce cheval qui avait paru si brillant, si beau, si allant, si complet, comme le voilà changé! On ne le reconnaît pas. C'est qu'en effet il est méconnaissable. On ne voit plus rien de ce qu'on avait si fort admiré, il y a quelques heures à peine; en retour on voit toutes sortes d'imperfections qu'on n'avait point aperçues.

C'est une école; on en conservera le souvenir.

L'occasion ne se fait pas attendre. On se remet en quête et l'on espère bien n'être plus dupe ni du beau langage, ni des finesses du vendeur.

On est donc sur ses gardes, on examine de près; mais on agit sous l'influence d'une telle prévention et d'une appréhension si grande qu'après avoir vu tout en beau, maintenant on voit tout en noir. C'est l'histoire bien commune du chat échaudé. On est devenu timide, timide à l'excès, et le meilleur paraît mauvais. La peur du mal a donné le mal de la peur; on n'ose plus se décider; plus difficile ou plus sévère que de raison, on aspire à l'impossible. On va de l'un à l'autre sans s'arrêter à aucun, et l'on se brouille et s'embrouille tant et si bien qu'on finit souvent par prendre moins bon que la première fois.

D'où vient cela? nous pouvons le dire sans courir le risque d'offenser personne, car nul ne s'appliquera personnellement la remarque, cela vient tout simplement de ce qu'on n'a pas la science infuse. On a cru pouvoir juger le cheval avant d'avoir appris à le connaître, avant d'avoir cherché à l'apprécier dans les éléments même de sa valeur.

Nous allons rechercher quels ils sont et nous ferons un petit cours, très-élémentaire, à l'usage de ceux qui veulent devenir aptes à bien choisir le cheval de leurs besoins.

Les principales sources de la valeur du cheval, nous venons de le dire, émanent tout à la fois de son origine et de sa structure, soutenues l'une et l'autre, fortifiées ou affaiblies par le mode de nourriture et d'élevage.

Aux yeux de celui qui achète tout s'efface, tout, hormis la forme : c'est par elle qu'on juge la machine. Pour si importante néanmoins qu'on tienne la conformation, on ne lui accorde guère, en général, qu'une importance irréfléchie. On ne sait pas assez qu'il y a dans la construction de tous les êtres une inviolable subordination d'organes. L'enveloppe extérieure, ce qu'en terme de métier on appelle le modèle, n'est qu'un reflet des dispositions intérieures bonnes ou mauvaises, heureuses ou défavorables de l'organisation profonde; elle donne à l'organisme entier un corps percevable, tangible, appréciable.

Aussi la pratique devient-elle chose très-essentielle dans le choix du cheval; on ne l'acquiert vite qu'en s'aidant des lumières que porte avec elle la connaissance raisonnée de l'*extérieur*.

Il ne s'agit pas ici d'une étude de détails, en quelque sorte didactique, mais d'un examen ou d'une étude d'ensemble qui élague tout ce qui n'a qu'un mince intérêt ou se montre tout-à-fait secondaire, pour s'attacher seulement aux points fondamentaux sur lesquels s'appuie la machine, pour s'en tenir aux larges questions de vitalité d'où naissent les qualités, les aptitudes, l'utilité effective.

Tous les yeux, écrivait Bourgelat, *n'ont pas le droit de bien voir*. Ceux-là seuls, en effet, outrepassent la superficie, pénètrent au-delà de la peau, qui savent ce que recouvre l'enveloppe. Comment appréciera-t-on la valeur des signes extérieurs s'ils n'expriment pas, s'ils ne traduisent pas aux yeux les résultats que doit produire la conformation interne, qui n'est pas une, mais diverse, qui est bonne ou mauvaise.

Nous n'exigeons pas de l'homme appelé à posséder des chevaux des connaissances illimitées, mais nous l'assurons d'un fait, c'est qu'il ne saura jamais ni les bien acheter ni en tirer bon parti, s'il n'acquiert tout au moins un peu de théorie, et si, par esprit d'observation, il n'arrive pas à un certain degré d'expérience pratique.

On dit et non sans raison : lorsqu'il s'agit de chevaux, l'Anglais regarde, l'Allemand médite, le Français pense à autre chose. N'est-ce pas à cause de cela que nous utilisons si mal le cheval que nous n'achetons pas bien ? Il en résulte pour nous des pertes énormes et qui se renouvellent sans cesse.

ACHAT
DU CHEVAL

CHAPITRE PREMIER

DE LA STRUCTURE DU CHEVAL

Bien merveilleuse est la structure du cheval. Quiconque la considère attentivement à l'extérieur, sous le rapport physique, comprend très-vite la nécessité de pénétrer sous la peau et de faire connaissance avec l'admirable arrangement qu'on peut soupçonner à l'intérieur. Ce cheval vit, mais pour cela il travaille sans relâche : il se nourrit par l'appareil digestif et par l'appareil respiratoire, fonctionnellement liés l'un à l'autre par un autre appareil, celui de la circulation; il absorbe et rejette sans s'arrêter jamais; il reçoit et donne; il assimile et perd une à une toutes les molécules de son organisation; il marche; il crée des forces et les dépense pour en créer de nouvelles; il fabrique lui-même, à l'aide d'instruments qui lui sont propres, tout ce qui est utile ou nécessaire à son existence, du sang, de la chair, de la graisse, des os, etc., à la condition qu'on lui en fournisse les éléments, les matières premières, dans une alimentation appropriée; il va plus loin encore, il se reproduit lui-même par l'accouplement et la fécondation, et la femelle transforme une partie des substances soumises à l'élaboration de ses organes en un liquide nutritif précieux, le lait, dont se nourrira son produit une fois sorti de la vie utérine...

Quelques-unes des fonctions de l'économie s'accomplissent sous l'empire de la volonté; mais les plus essentielles, indépendantes de cette volonté, s'exécutent plus sûrement et plus complétement à l'insu de l'animal. C'est qu'au-dessus de toutes il y a un commandant en chef, un appareil dominant, celui de l'innervation, dont l'influence s'exerce ou s'impose par les nerfs, la moelle épinière et le cerveau. Centre et foyer, ce dernier préside à tous les actes de la vie.

Ceux-là ne savent point le cheval et ne sauraient le juger sainement, qui restent complétement étrangers à la connaissance de ces grands phénomènes. Cependant quelques notions rapides suffisent à la pratique; nous n'irons point au delà. Après s'être si longtemps occupée obscurément des dehors de l'animal, celle-ci a compris l'utilité d'un savoir un peu plus approfondi, la nécessité d'une recherche plus exacte. C'est qu'on ne trouve la lumière que là où elle est réellement. L'appréciation des qualités physiques n'offre de certitude que par l'alliance intelligente de la pratique et de la théorie.

I. — L'APPAREIL LOCOMOTEUR.

L'extérieur montre le cheval apparent, le cheval superficiel; le squelette met en évidence le cheval profond et révèle en partie le cheval interne; l'animal vivant, qu'on nous passe l'expression, est entre les os et la peau, entre la charpente qui le soutient et l'enveloppe qui le recouvre.

En effet, le squelette forme la charpente intérieure du corps; il en consolide l'édifice, et en détermine la configuration et les dimensions. Résultant de l'ensemble des os, unis entre eux par les articulations, il est entouré par les muscles, sert de fondement à la machine et prête, ainsi que nous venons de l'établir, un appui solide à toutes ses parties; sans lui, il n'y aurait plus ni proportions, ni forme, ni attitudes.

Les os et les muscles constituent ce qu'on nomme un appareil d'organes; ils sont préposés aux mouvements volontaires : les os, comme instruments passifs; les muscles, comme puissances actives de la locomotion.

Cette fonction est donc sous l'étroite dépendance de la disposition mécanique du squelette et de l'action musculaire; elle comprend les diverses allures du cheval et tous les mouvements dont il est susceptible; elle est de plus intimement liée à la respiration et à la circulation, puis soumise comme tous les actes de la vie, à l'influence directe du cerveau.

Dans ses cavités, le squelette loge les organes les plus délicats; il les enveloppe et les protége contre les violences extérieures qui en auraient à tout propos troublé les fonctions.

A cet effet, comme pour offrir aux muscles qui les font agir l'appui nécessaire aux mouvements, les os sont composés d'une substance dure et résistante; ils prennent et conservent la forme la plus propre à leur destination spéciale, à leurs usages particuliers. On les voit courts et épais, garnis de tubérosités nombreuses, là où les mouvements doivent jouir d'une grande liberté, comme à l'encolure, au genou, au jarret, etc. Alors les points articulaires se rapprochent et se multiplient de façon que, si bornée que soit pour chacun l'étendue des mouvements, la somme totale en est pourtant considérable. Ailleurs ils sont plats ou aplatis et forment des boîtes, des cloisons protectrices pour le cerveau, par exemple, pour les organes de l'odorat, du goût, de l'ouïe, etc. Symétriquement rangés et contournés, ils constituent la cage de la poitrine pour offrir aux principaux organes de la circulation et de la respiration un lieu sûr et abrité, le vaste espace nécessaire au plein et entier accomplissement des importantes fonctions qui leur sont dévolues ; ou bien ils s'épanouissent, comme à l'épaule, pour donner de larges surfaces d'implantation aux muscles volumineux que les besoins de la machine ont accumulés en certaines régions. Ils sont autres encore lorsqu'ils doivent servir de colonnes de support ou d'organes de progression ; alors ils sont longs comme ceux du rayon supérieur des membres.

Ces derniers sont composés de colonnes brisées, fortement articulées les unes aux autres, destinées tout à la fois à soutenir le tronc et à le transporter dans tous les mouvements auxquels se livre l'animal.

Nous venons de dire comment on divise anatomiquement celui-ci pour en faciliter l'étude. Or, cette division est si simple et si naturelle qu'on l'a conservée dans l'examen de la conformation extérieure auquel nous allons nous livrer, par grandes masses, par régions importantes.

En revêtissant les diverses parties du squelette, les muscles déterminent plus immédiatement le volume et la conformation de chaque partie du corps dont ils grossissent principalement la base, c'est-à-dire l'os. Ils se présentent en paquets distincts, très-différents par leur grosseur, par leurs formes, par la direction de leurs fibres, intimement unies aux points qu'ils doivent mouvoir ou sur lesquels ils peuvent prendre leur appui, os, cartilage, peau, etc. Il en est qui s'appliquent sur l'os même dans toute leur étendue; d'autres qui les recouvrent, forment une couche moins profonde; il en est un plus superficiel encore, qu'on trouve précisément sous la peau; vient ensuite cette dernière qui enveloppe le tout et porte la livrée particulière à chaque individu, son manteau, sa robe.

II. — L'APPAREIL DIGESTIF.

Le vulgaire ne sait de la digestion que son commencement et sa fin, l'ingestion des matières étrangères (aliments et boissons) et le rejet de celles qui n'ont point servi à la nourriture, à l'accroissement, et, par excédant, à la fabrication des divers produits propres à chaque espèce animale. Entre ces deux actes extérieurs, si l'on peut dire, il s'en accomplit d'autres dont les plus instruits seuls ont une connaissance approfondie. Nous ne voulons en donner ici que les notions les plus indispensables.

L'ensemble des organes qui concourent à l'accomplissement des actes de la digestion prend le nom d'appareil digestif. Celui-ci est constitué par un long tube contractile qui commence à la bouche et finit à l'anus. Par la première ouverture, sont introduites les matières alimentaires; par l'autre sont expulsés les résidus du travail de tout l'appareil.

De la bouche à l'estomac, sont accomplis des actes préalables qui facilitent beaucoup les phénomènes digestifs. Ainsi la nourriture est saisie, déchirée, divisée, triturée par les dents, imprégnée de salive, déglutie et portée dans le premier renflement de l'appareil, dans ce sac particulier qu'on nomme l'estomac. Là, les matières ingérées subissent une transformation spéciale qui les réduit en une pâte molle ou semi-liquide; c'est le *chyme*.

A la suite de l'estomac, commence la masse intestinale qui s'étend et se loge dans l'abdomen, c'est-à-dire dans la cavité du ventre, sous forme d'un canal, offrant dans sa longueur une suite de rétrécissements et de dilatations, dans lesquels passeront successivement les matières alimentaires chassées de l'estomac dans les premières parties de l'intestin et conduites de celles-ci dans les suivantes par un mouvement vital qui n'est point soumis à l'empire de la volonté.

On le sait déjà, cette course à travers l'intestin n'est pas seulement affaire de forme, une simple formalité; la nature ne fait rien sans motifs et toutes ses lois ont un but bien défini. Les matières ingérées sont travaillées sans relâche dans toute l'étendue du canal digestif qui nous présente un exemple frappant de la division du travail.

En effet, un seul organe, si complet qu'on le suppose, n'aurait pu suffire à la tâche, longue et pénible, de convertir du foin, de la paille, des grains, un aliment quelconque, en une masse homogène; il en eût éprouvé une extrême fatigue; il en fût résulté une extrême lenteur dans l'accomplissement d'une fonction aussi compliquée. Aussi trouve-t-on des organes spéciaux préposés à chacun des actes nombreux qui concourent à la digestion; de là cet ensemble d'instruments dissemblables, qui tous ont leur tâche, toujours la même, pour l'accomplir opportunément, régulièrement, sans labeur excessif.

Ceci revient à dire sans doute qu'il faut s'inquiéter de savoir si chez le cheval dont on veut faire choix, tous les organes de l'appareil digestif sont en bon état et peuvent fonctionner au plus grand profit de la machine, à la réparation et au bon entretien de laquellle ils ont été particulièrement dévolus. Nous dirons plus loin à quels signes extérieurs on peut s'en rapporter pour juger de la condition bonne ou mauvaise des organes digestifs.

III. — L'APPAREIL RESPIRATOIRE.

Le résultat utile de la digestion est la transformation des aliments en chyme, de celui-ci en *chyle* ou fluide nutritif, et l'expulsion en temps voulu du résidu excrémentitiel. On ne parviendrait pas à faire consommer de nouveaux aliments à l'animal qui ne se débarrasserait pas régulièrement de ceux qu'il aurait précédemment ingérés. De nouvelles rations ne succèdent à d'autres que lorsqu'elles ont été digérées ou dépensées. On ne peut remplir que ce qui n'est pas plein, de même qu'on ne parvient point à emplir ce qui se vide dans une proportion exagérée. Ici, on le voit, surgissent des questions d'appétit normal ou de voracité qui sont bonnement des indices de santé ou des symptômes de maladie, indices et symptômes dont il faut savoir tenir compte.

Le résultat utile de la digestion, disons-nous, est la transformation des aliments en fluide nutritif.

Porté au cœur, mêlé au sang, poussé dans le poumon où il se trouve en contact avec l'air qui a pénétré dans cet organe, le chyle devient lui-même du sang.

Ces phénomènes s'accomplissent sous l'influence de la respiration au moyen d'un nouvel appareil d'organes que, pour cela, on nomme respiratoires, cela va de soi.

C'est un acte important que celui de la respiration; nous voulons qu'on le sente bien afin qu'on sache à quel point sont nécessaires, chez le cheval, la bonne conformation et l'intégrité des organes qui en sont chargés. Il met, répétons-le, il met en rapport le chyle et l'air atmosphérique. Par suite, le chyle est modifié, vivifié, complétement approprié à la nutrition, car tel est le rôle essentiel qui lui appartient dans l'économie vivante.

L'appareil respiratoire, placé à l'avant de la machine, ne dépasse pas les profondeurs de la cavité thoracique, de la poitrine; il fait contrepoids à la masse principale des organes digestifs qui occupe une partie de l'arrière, la cavité du ventre. L'appareil de la digestion a deux orifices; celui de la respiration n'offre qu'une seule et même issue à l'introduction et à la sortie de l'air nécessaire aux fonctions respiratoires. C'est que les actes digestifs doivent s'effectuer d'une manière continue, sans retour possible sur elles des matières ingérées, tandis que la respiration s'accomplit par des actes alternatifs d'inspiration et d'expiration qui se succèdent et permettent à l'air, parvenu dans le poumon et qui a rempli son office, d'en sortir en suivant en sens inverse les mêmes voies que celles qu'il a déjà parcourues pour pénétrer dans les dernières ramifications de ce qu'on appelle les bronches. De la sorte, l'appareil pulmonaire, qui commence aux narines, se continue par un tube qui arrive aux poumons dans lesquels il se divise à l'infini pour constituer les bronches. A l'extrémité de celles-ci il n'y a plus rien. Dans l'inspiration, l'air pénètre dans toutes, mais l'expiration l'en chasse. Tel est le mécanisme de la respiration. Dans le premier mouvement, les parois de la poitrine sont soulevées, sa cavité est agrandie; dans le second, les parois s'abaissent et le diamètre de la poitrine diminue d'autant.

On a comparé ce double résultat à celui du soufflet qu'on agite : l'air se précipite entre ses parois, éloignées l'une de l'autre; il en est expulsé quand on les rapproche. Dans l'instrument inanimé, le cuir permet aux parois de s'écarter et d'opérer entre elles un vide que l'air occupe aussitôt ; dans la machine vivante, c'est le diaphragme qui remplit l'office du cuir. Il y a encore cette différence que, dans le soufflet, l'air pénètre dans une poche unique, tandis que, dans la poitrine, il emplit des myriades de petites poches, toutes les vésicules pulmonaires. Dans le soufflet, l'air n'a aucune fonction particulière, il est aspiré et chassé, rien de plus; dans la poitrine, il joue le rôle considérable que nous avons dit.

Il faut de bons aliments, des nourritures appropriées pour obtenir de bons résultats digestifs ; il faut un air pur et salubre pour que le résultat des actes respiratoires soit profitable à l'entretien de la vie dans sa régularité et dans son amplitude; mais les deux fonctions seraient incomplètes ou languissantes si leurs instruments étaient défectueux, frappés d'une activité moindre que celle réclamée par les besoins mêmes de l'animalité. C'est moins le volume que la parfaite intégrité des organes digestifs qui concourt aux bonnes digestions; le grand développement des organes respiratoires n'est pas moins essentiel que leur état sain et normal à l'entier accomplissement de la tâche incessante qui est la leur.

Le ventre est souvent trop gros ; souvent il *tombe* trop, suivant l'expression usitée : jamais, au contraire, la poitrine n'est trop spacieuse. Si le volume du premier peut nuire à la somme des services qu'on attend d'un moteur animé, les vastes dimensions du thorax en accroissent toujours, et dans toutes les circonstances, les aptitudes quelles qu'elles soient.

Ces quelques mots font assez pressentir que nous devrons nous appesantir beaucoup sur l'étude de la conformation du thorax dont les conditions, bonnes ou mauvaises, exercent une si grande influence sur la valeur absolue des individus. Mais ce point viendra naturellement en son lieu et en sa place, un peu plus bas.

IV — L'APPAREIL CIRCULATOIRE.

La théorie de la circulation importe moins à la pratique, nous nous y arrêterons peu.

La circulation est le mouvement par lequel le sang est porté du cœur dans toutes les parties de l'économie et reporté de celles-ci au point de départ.

Ce grand acte s'accomplit au sein de l'organisme dans un double but : pour distribuer à chacun de ses points, sans en omettre aucun, les matériaux nécessaires à sa nutrition, et pour en extraire ceux qui doivent être éliminés, en même temps que ceux qui doivent être vivifiés et revivifiés par la fonction respiratoire.

Le cœur est l'organe central de la circulation. Il est mis en communication avec toutes les parties du corps, avec tous les organes et tous les tissus, par deux ordres de vaisseaux, — les artères et les veines. Celles-ci, vaisseaux centripètes, rapportent au centre, au cœur, le sang qui en avait été emporté par celles-là, qui sont les vaisseaux centrifuges du système circulatoire.

Le sang, nul ne l'ignore, est le liquide charrié, transporté, dans le but que nous venons de dire et qu'un physiologiste célèbre explique en ces termes : « Le mouvement circulaire a pour usages de soumettre le fluide altéré par le mélange de la lymphe et du chyle au contact de l'air dans les poumons (*respiration*), de le présenter à plusieurs viscères qui lui font subir divers degrés d'épuration spéciale (*sécrétions*), et de le pousser vers les organes dont la partie nutritive animalisée, perfectionnée par ces actes successifs, doit opérer l'accroissement ou réparer les pertes (*nutrition*). »

Le rôle des organes circulatoires est fort simple. On s'en formera une idée fort juste en les comparant à ces manœuvres qui, dans une vaste manufacture, d'où sortent des produits de toute espèce, sont employés à porter les matériaux aux ouvriers chargés de la fabrication ; et de même que, parmi ces derniers, il en est qui perfectionnent, qui épurent les matières mises en œuvre par d'autres, ainsi les poumons et les glandes secrétoires sont incessamment appliqués à séparer du sang tout ce qui est trop hétérogène à la nature de l'animal pour s'identifier avec ses organes, s'assimiler à leur propre substance, ou les nourrir.

Le sang est le résultat de toutes les absorptions, de tout ce qui pénètre dans la machine par toutes les voies, par tous les pores : par les organes de la digestion, par ceux de la respiration, par la surface de la peau. De là vient que la richesse ou la pauvreté du régime, que les qualités de l'air, etc., exercent sur les êtres une influence si prépondérante ; de là vient que les propriétés du sang, ses caractères physiques, sa composition intime varient avec la race et suivant les climats.

On appelé le sang de la *chair coulante*. Si admirée qu'ai été cette expression, elle est tout au moins incomplète nous allions dire inexacte. En effet, le sang, c'est plus qu de la chair coulante, c'est la trame organique tout entièr à l'état liquide ; tous les solides, tous les tissus, quels qu'ils soient, ne sont que du sang modifié : l'os, le muscle, le tendon, la graisse, la salive, les larmes, la bile, l'urine, le lait, la corne, les poils, que sais-je ? tout est venu du sang, tout est incessamment réparé, renouvelé par le sang.

Étudié dans ses propriétés particulières sur les races chevalines, on l'a trouvé, chez les familles nobles ou pures, plus riche, plus chaud, plus puissant qu'il ne se montre dans les races inférieures. Celui qu'on a examiné à ce point de vue et qui avait été pris à des chevaux qualifiés de pur sang, conserve plus longtemps, une fois extrait des vaisseaux qui le contiennent, sa fluidité, les caractères de la vie; il résiste plus aux causes de destruction physique, de dissolution de ses éléments divers. A l'analyse chimique il offre l'élément aqueux en moindre proportion, les composés salins plus abondants et des globules plus nombreux, toutes choses données en témoignage d'une nature plus riche, plus généreuse.

La question de race a donc son prix et ne doit point être oubliée dans la recherche intelligente des qualités et des aptitudes du cheval. Celui-ci ne vaut, cela est tout simplement l'évidence, que par ce que valent ceux-là; or, le sang, principe de toutes choses dans l'économie animée, source génératrice et reproductrice de toutes les molécules de l'être vivant, lui donne assurément, incontestablement, sa force ou sa faiblesse, ses divers degrés de puissance active, de résistance ou de vitalité. Ceux qui n'ont pas admis ce fait, c'est maintenant la minorité, n'ont pas une seule raison, même spécieuse à lui opposer. Il faut bien passer condamnation et se rendre quand on on est à bout de raisonnement, quand toute objection est devenue impossible.

V. — L'APPAREIL DE L'INNERVATION.

Nous ne voulons oublier ni l'appareil de la dépuration urinaire, ni les appareils des sens, ni ceux de la génération ; nous en parlerons plus loin, mais seulement sous le rapport de la conformation extérieure, car nous n'aurions rien à en dire d'utile pour le praticien sous le rapport de la structure.

Écartant donc pour le moment ces divers sujets, nous terminerons ces courtes généralités d'anatomie et de physiologie pratiques par un mot sur l'appareil de l'innervation.

Sans ce dernier tous les autres demeureraient complétement inertes; aucun ne pourrait rien, rien absolument pour la vie.

L'innervation, la chose se comprend de reste, est l'action intérieure du système nerveux; c'est donc par lui qu'elle s'exerce.

Le système nerveux est constitué par un ensemble de masses et de cordons qui se répandent, comme les vaisseaux, dans tous les points de l'organisme; masses et cordons formés d'un tissu tout particulier, sans analogue dans la machine, et dans lequel s'effectuent les phénomènes sensoriaux, affectifs, instinctifs, intellectuels; il est l'agent incitateur de la contractilité musculaire et des divers actes physiologiques par lesquels s'accomplissent les fonctions nutritives.

Comme dans l'appareil circulatoire, nous trouvons ici une partie centrale, — cerveau et moelle épinière, et une partie périphérique, qui comprend une double série de branches ramescentes, — ce sont les nerfs.

Le cerveau, masse renflée et considérable, est logé dans la cavité supérieure de la tête, appelée le crâne, qui est la base du front. Sa moelle épinière est fixée dans le corps des vertèbres dont la réunion lui forme un long canal protecteur.

Les nerfs sont des cordons fasciculés qui s'échappent latéralement de la tige centrale et vont se distribuer à l'infini dans toutes les parties du corps à la manière des artères qu'ils accompagnent généralement.

Le cerveau est le centre et le régulateur de toutes les actions nerveuses; la moelle, qui le continue, est le conducteur des impressions sensitives, périphériques, ainsi que de l'influx moteur; les nerfs, organes conducteurs du sentiment et du mouvement, transmettent aux centres de perception les impressions qu'ils reçoivent dans les organes où ils aboutissent, et portent dans ces organes l'influx nerveux qu'ils reçoivent des centres de perception avec lesquels ils sont en communication directe.

Si admirable que soit la télégraphie électrique, elle n'a rien de comparable à l'action nerveuse chez les êtres bien doués. Il sera donc très-essentiel de pouvoir se rendre compte de l'état de perfection du système nerveux, chez le cheval à choisir, par le degré de bonne conformation du front et de la colonne vertébrale sous les parois desquels sont abrités le cerveau et la moelle épinière. Les nerfs ne laisseront rien à désirer si la partie centrale du système est vaste, développée, intacte dans toute son étendue : on ne s'informe pas de ce que peuvent être ou les artères ou les veines, mais bien de ce que peut être le cœur.

Arrivons maintenant à l'étude des grandes divisions que l'on a faites de l'animal pour apprendre à le connaître extérieurement, dans sa forme apparente.

CHAPITRE II

DE LA CONFORMATION EXTÉRIEURE

En se plaçant par le travers, à quelque distance du cheval, on en saisit aisément l'ensemble. On le voit alors grand ou petit, corpulent ou fluet, long ou court, pesant et trapu, ou décousu et léger... les grandes proportions, voilà donc ce qui frappe tout d'abord.

Avant cela pourtant, on en avait déjà reconnu la sorte, le genre, et on l'avait mentalement classé dans l'une de ces trois catégories : cheval de selle, cheval de trait rapide ou de gros trait.

Celui qui procède ainsi est par avance fixé sur la nature des services auxquels il appliquera le moteur dont il a besoin. Qu'on ne s'y trompe pas, ceci est plus rare qu'on ne croit. Beaucoup plus nombreux sont les gens qui ne savent ni ce qu'ils veulent ni ce qu'il faudrait vouloir, et qui courent péniblement, infructueusement, après un cheval de fantaisie, une manière d'idéal doué de tous les mérites et de tous les avantages à l'exclusion de tous les défauts, un être par excellence enfin, un serviteur comme il n'y en a pas, « magnifique et pas cher, » qu'on puisse revendre sans perte, à tout venant, le jour où le goût en aura passé, où le caprice aura cessé de lui être favorable.

Veut-on aller vite ou longtemps? Le cheval portera-t-il un cavalier lourd? quel sera le poids du véhicule qu'on lui fera traîner? transportera-t-il peu ou beaucoup de monde à la fois? Les courses, les voyages seront-ils pénibles et souvent renouvelés? les lui infligera-t-on à une allure précipitée? n'aura-t-il, au contraire, à remplir que des exigences de promenade?... Combien ont pensé à ces choses quand l'envie d'avoir un cheval leur a poussé?

Avant de se mettre en quête, nous avons raison de le dire, il faut bien savoir à quel genre et à quelle étendue de travail devra suffire le cheval qu'on recherche.

Le cheval sans défaut est un mythe ou à peu près; il y a même là-dessus un proverbe que personne n'ignore. Le cheval de belle apparence n'est souvent qu'un animal sans qualités. D'ailleurs on se fait en général une fausse idée de la *beauté*. Les défauts sont encore plus relatifs qu'absolus. Un cheval devient bon ou mauvais, suivant qu'on lui assigne judicieusement ou non son emploi, que sa destination est rationnelle ou mal entendue. Enfin, le *bon marché* peut avoir ses dangers, car le vendeur n'est point intéressé à vendre au-dessous de la valeur réelle, et la prétention de retrouver soi-même, après un laps de temps quelconque, la totalité de la somme employée à l'achat, est parfaitement déraisonnable. Il faut compter alors ou sur un acheteur bien facile ou sur des éventualités qui ne se présentent guère.

Mais puisque l'occasion s'offre à nous, vidons tout de suite la question relative à la beauté. Sur ce point, comme sur beaucoup d'autres, les idées sont un peu surannées.

A n'en pas douter, la beauté tient sa place dans l'appréciation des éléments de la valeur du cheval, de même que ses imperfections portent à cette valeur une notable atteinte. Qu'est-ce pourtant que la beauté? — Un être de raison, une abstraction, un type de convention mis à la mode et soutenu par elle? Evidemment non. La beauté n'a rien d'idéal en soi, elle ne résulte pas de conditions impossibles, elle ne peut pas créer imaginairement des animaux qui n'ont jamais été dans les vues de la nature. Nous avons longtemps poursuivi cette chimère et en cherchant ce que nous nous figurions être le beau cheval, nous n'avons guère atteint que la rosse; il faut bien appeler la chose par son nom. Les Arabes et les Anglais, nos maîtres, s'attachant à trouver le bon, ont par cela seul et logiquement rencontré le beau. Beauté et bonté sont ainsi devenues, dans le langage de la zootechnie moderne, des expressions synonymes.

Cela étant, la beauté n'est plus une, exclusive voulions-nous dire; elle est multiple en ce que chaque aptitude ayant sa force dans un arrangement particulier de la forme, dans des conditions spéciales de structure, elle varie forcément, nécessairement, à raison même du genre de service auquel toute une classe, toute une division de l'espèce est plus complétement appropriée. Alors, la beauté du type léger, dans le cheval, diffère essentiellement de la beauté du type des races ou des familles de gros trait; comme la belle conformation du bœuf de travail diffère de celle du bœuf uniquement façonné en vue des besoins de la consommation, comme la beauté du merinos n'est plus celle du dishley. Les exemples abondent et nous n'aurions que l'embarras du choix : est-ce que les beautés du boule-dogue ne seraient par des difformités chez l'épagneul ou chez le lévrier, et réciproquement?

En somme, les formes extérieures, les caractères physiques qui donnent aux animaux en général, au cheval surtout, le plus de valeur réelle, sont d'abord ceux et celles qui indiquent une conformation intérieure propre à assurer la régularité et la plénitude des fonctions de la vie, et ensuite ceux et celles qui, pour chaque nature d'emploi, favorisent le mieux soit l'action de la force musculaire, soit le développement des qualités spéciales à chaque aptitude prédominante.

Cependant (on se trouve toujours en face de cette vérité) rien n'est absolu. La beauté telle que nous l'avons définie n'est même pas toujours par cela seul la bonté. C'est que, en dehors de la forme, il y a la matière ou plutôt la qualité de la matière, et que, au-dessus de celle-ci, il y a encore un principe d'action, une cause de force, l'énergie vitale propre à chaque nature, intense ou condensée chez les uns, faible ou fractionnée chez les autres. Mais ceci rentre dans une grande et intéressante question que nous exposerons sommairement dans un chapitre à part.

Pour le moment, nous devons revenir au sujet que nous avons voulu toucher dans celui-ci : « Les ensembles. »

Appliqué à l'examen extérieur du cheval, le mot *ensemble* exprime la régularité dans les formes, les belles proportions, les meilleures conditions de structure de la machine étudiée jusque dans ses moindres détails ; c'est encore ce que les Français nomment l'harmonie, ce qu'en Angleterre on appelle symétrie.

Le cheval est ensemble, il a un bon ensemble, lorsqu'en toutes ses parties, il présente les rapports de forme, de dimensions et de direction qui constituent la beauté rationnelle. Nous prions qu'on s'arrête sur ce dernier mot, car ce n'est pas seulement au repos, comme tableau, que doit apparaître la beauté ; il faut que, pendant l'action, tandis qu'il se meut pour produire son effet utile, le travail, ce beau cheval ne se démente pas. Or, il cesserait d'être ensemble, si la progression était défectueuse, si les allures ne s'effectuaient pas avec une régularité parfaite.

A tout prendre, l'ensemble n'est que la dernière raison

des détails. Mais parmi les détails, il en est beaucoup qui n'offrent aucun intérêt à la pratique. Celle-ci ne deviendra jamais savante dans l'acception rigoureuse du terme ; ce n'est pas son lot. Sur certains points, elle a besoin d'un savoir vrai, exact; sur une foule d'autres, peu essentiels, elle gagne en ne cherchant pas à trop approfondir. Elle s'évite alors beaucoup de peine inutile et prévient l'inconvénient du demi-savoir qui apprend plus de mots que de choses; d'où une confusion déplorable dans les idées. En se bornant au contraire à ce qui lui est indispensable, elle est encouragée par la facilité d'apprendre et devient capable, car alors elle ne néglige plus rien de ce qui peut réellement la servir.

Fort de ce fait, nous nous en tiendrons, dans ce précis de la connaissance du cheval, à l'étude large et raisonnée des grandes régions, chacune d'elles formant un ensemble particulier dans l'ensemble général. Mais cela n'en rend que plus nécessaire l'examen attentif et détaillé de la grav. 1, qui montre les nombreuses subdivisions de l'animal extérieur dans leur situation exacte, dans leur étendue et dans leur configuration.

La division très-simple, en corps et en membres, toute élémentaire qu'elle soit, nous paraît insuffisante ; nous irons donc plus loin sans nous départir ni de l'explication précédente, ni des motifs sérieux que nous avons de ne pas surcharger la mémoire du lecteur, de ne pas le fatiguer de descriptions arides auxquelles se rapportent bien rarement les régions qu'elles intéressent.

Pour l'étude du tronc, nous adoptons les subdivisions suivantes : la tête et l'encolure; le dessus ; la poitrine ; le ventre et la croupe ; pour celle des membres, les subdivisions sont encore plus marquées et n'offrent aucune difficulté.

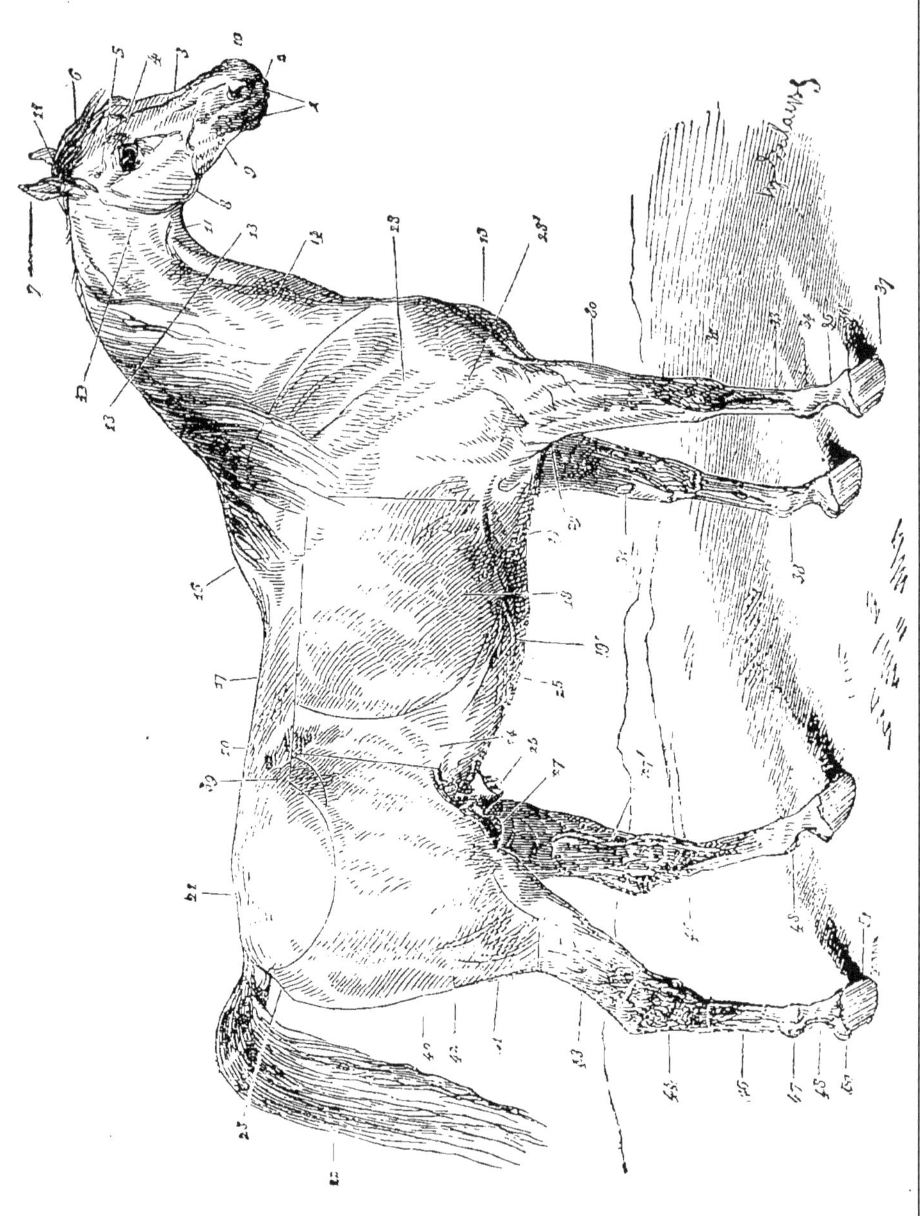

Grav. 1. — NOMENCLATURE ET CONFIGURATION DES DIVERSES RÉGIONS EXTÉRIEURES DU CHEVAL

1 Lèvres.
2 Bout du nez.
3 Chanfrein.
4 Front.
5 Salière.
6 Toupet.
7 Oreilles.
8 Ganache et auge.
9 Joue.
10 Naseau.
11 Nuque.
11' Gorge.
12 Parotides.
13 Encolure.
13' Crinière.
14 Gouttière de la jugulaire.
15 Poitrail.
16 Garrot.
17 Dos.
18 Côtes.
19 Passage des sangles.
19' Veine de l'éperon.
20 Rein.
21 Croupe.
22 Queue.
23 Anus.
24 Flanc.
25 Ventre.
26 Fourreau.
27 Testicules.
27' Veine saphène.
28 Épaule et bras.
28' Pointe de l'épaule.
29 Coude.
30 Avant-bras.
31 Châtaigne.
32 Genou.
33 Canon.
34 Boulet.
35 Paturon.
36 Couronne.
37 Pied.
38 Ergot et fanon.
39 Hanche.
40 Cuisse.
41 Grasset.
42 Fesse.
43 Jambe.
44 Jarret.
45 Châtaigne.
46 Canon.
47 Boulet.
48 Ergot et fanon.
49 Paturon.
50 Couronne.
51 Pied postérieur.

I. — LES ENSEMBLES DU TRONC.

A. — **La tête et l'encolure** forment ce qu'on appelle le bout de devant.

La tête porte le cerveau, muré dans la boîte crânienne, et les principaux organes des sens, tous convenablement protégés aussi. Les organes internes de l'ouïe, si délicats, sont renfermés dans une petite cavité appropriée, dont on ne soupçonne même pas l'existence; ceux de la vue, du goût, de l'odorat, sont de même placés dans des conditions favorables à leur but spécial, en rapport facile par conséquent avec les corps extérieurs dont ils doivent percevoir les propriétés. La tête renferme encore les dents, qui sont à la fois des organes de déchirement et de trituration des aliments, et le moyen le plus certain de reconnaître l'âge. Extérieurement enfin, elle offre à qui la regarde, des caractères physiognomoniques très-sûrs, qui aident à distinguer la race et à classer l'individu sous le rapport des qualités morales. Que de choses dans une région relativement si petite de l'animal, et cependant il y a bien d'autres détails encore. Cela constitue bien un groupe à part, un véritable ensemble.

L'intelligence n'est point un hors-d'œuvre, une faculté à dédaigner chez le cheval. On la trouve ici développée en raison même du volume du cerveau. Mais ce n'est pas tout, les fonctions vitales, toutes subordonnées à la force d'innervation, s'exécutent d'une manière d'autant plus large, que l'appareil d'où elles découlent est plus complet dans sa forme, dans son développement. Aucun signe extérieur n'en donne la mesure que les proportions du crâne; on détermine très-sûrement cette mesure en examinant la partie supérieure du *front* : plus elle se montre large, plus le cerveau a d'espace, plus il prend d'expansion. Ce n'est toutefois qu'un point de départ en quelque sorte. Ainsi que nous le disions un peu plus haut, la moelle épinière naît plus grosse d'un cerveau volumineux, et les cordons nerveux sortent eux-mêmes plus gros, plus puissants d'une moelle plus développée. C'est ainsi qu'un front large, dénotant un degré d'intelligence plus élevé, devient l'indice d'un appareil d'innervation plus complet, c'est-à-dire de qualités physiques et morales plus étendues. Puis, comme tout se tient dans la machine, un front vaste est toujours accompagné d'un bel œil, d'une oreille bien faite et bien placée, d'une expression générale fine et douce, fière et hardie, qui donne bonne opinion de l'individu; enfin, les mâchoires n'ont point de lourdeur inutile, et les narines apparaissent bien fendues et vivantes.

Si nous pouvions entrer dans les détails, nous verrions bien d'autres conséquences naître de ce fait en apparence si petit, aussi insignifiant — un front large. Une partie du cerveau se trouve aussi logée sous la *nuque*, sous l'espace qui sépare les oreilles. Le développement de cette petite région correspond naturellement à l'étendue du front et réciproquement. Quand l'un est vaste, l'autre ne saurait être étroit. *Les oreilles* sont rapprochées, hautes, pointues, elles dénoncent un cheval peu intelligent et peureux, quand la nuque est étroite; lorsqu'elle est bien proportionnée, au contraire, l'oreille bien taillée, bien placée, élégamment dirigée en haut et un peu en avant, douée d'une mobilité toute gracieuse, exprimant une certaine fierté, l'énergie. Telle on la voit sur les types supérieurs et les animaux de bonne souche. Elle est bien différente chez les races communes et avilies, qui la portent lourde, épaisse, souvent pendante et flasque, comme chez le cheval dit *oreillard*. Quand elle est ainsi, regardez l'œil : vous le verrez plus ou moins enfoncé et couvert, éteint dans le regard, placé haut, parce que le front aura peu d'élévation; alors encore les mâchoires seront longues, fortes, pesantes, et toutes les cavités intérieures, comme toutes les ouvertures de la tête, étroites. Alors le cerveau sera trop peu volumineux pour exercer beaucoup d'influence sur la machine entière ; les narines seront peu fendues et continuées par des fosses nasales trop peu spacieuses pour fournir abondamment l'air à la fonction respiratoire dont, par suite, l'appareil n'aura qu'un développement médiocre.... On le voit, de la partie nous irions ainsi facilement au tout, parce que le détail est intimement et physiologiquement lié à l'ensemble.

Mais passons et voyons l'*œil*, dans lequel il y a aussi tant de choses, tant de choses auxquelles nous ne pourrons pas nous arrêter.

La position de cet organe sert à mesurer l'étendue du crâne en ce qu'elle indique le point de séparation entre cette cavité et la mâchoire supérieure. Plus l'œil est rapproché du sommet de la tête et moins avantageuse est la proportion entre les deux parties; plus la mâchoire est longue, plus est resserré l'espace occupé par le cerveau. Les chevaux dont la tête est ainsi faite ont la physionomie plus stupide qu'expressive. On ne s'est jamais plaint que l'œil fût placé trop bas. Il est beau quand il est grand, bien ouvert, à fleur de tête, fier dans le regard, tout en restant doux et intelligent. Il doit être clair dans ses parties internes, sans nuage, sans trouble, sans tache quelconque. Les paupières qui le recouvrent et le protégent doivent être garnies de longs cils et de poils courts, minces, souples et bien fendues. Par contre, l'œil ne réunit pas toutes les conditions de la beauté, ou bien il est défectueux, lorsqu'il est petit, enfoncé dans l'orbite, caché sous des paupières grasses, épaisses, infiltrées. On le voit ainsi chez les animaux à tête charnue, grosse, lourde, empâtée, et là où la fluxion périodique des yeux, maladie grave, est commune.

Les yeux doivent être égaux. Le mal que nous venons de nommer détermine souvent la diminution de l'organe qu'il frappe périodiquement et d'une façon plus ou moins violente.

Les indications fournies par le regard du cheval sont précieuses. L'œil doux et franc, même dans son expression la plus hardie, inspire avec raison la confiance; il y a lieu de se méfier du cheval qui regarde en dessous et méchamment.

L'intégrité d'une fonction tient nécessairement à l'intégrité des instruments à l'aide desquels elle s'accomplit. Malade, l'estomac se refuse à faire le chyle dans les conditions normales; malade, le poumon ne remplit que très-imparfaitement son rôle ; malades, les muscles n'agissent plus avec toute l'énergie et toute la liberté qui leur sont propres dans l'état de santé ; malades ou mal disposées, les parties constitutives de l'œil ne fonctionnent plus aussi complétement, d'une manière aussi étendue que dans leur état d'intégrité absolue. Ces propositions n'ont pas besoin d'être autrement élucidées. Il faut donc savoir reconnaître la parfaite intégrité de l'œil, afin de s'assurer que le sens de la vue n'est point altéré chez l'animal qu'on possède ou qu'on cherche à se procurer. Dans tous les cas voici comme on procède :

« Toutes les fois qu'on le peut, dit M. F. Lecoq, il faut l'examiner dans l'écurie ou sous un hangar, à une certaine distance du grand jour. L'œil, dans un endroit un peu sombre, est beaucoup plus facile à examiner; on aperçoit mieux le fond de l'organe, dont la pupille est alors dilatée [1]. On doit, pour cet examen, se placer en face de l'animal, de manière à porter son regard obliquement sur le globe, et à reconnaître ainsi s'il existe quelque trouble dans les parties qui le composent, et à laquelle de ces parties il appartient, ce qui n'est pas aussi facile lorsqu'on regarde l'œil en face.

« Ce premier examen étant terminé, on fait avancer un peu l'animal, pour que l'œil, frappé d'une lumière plus vive, laisse apercevoir le mouvement de rétrécissement de la pupille, qui doit être bien marqué.

« Si l'on ne peut placer le cheval dans des circonstances aussi favorables pour l'examen de la vue, il faut, pour reconnaître les mouvements de l'iris, placer la main sur l'un des yeux, de manière à le tenir fermé pendant quelques secondes. Aussitôt la pupille de l'œil opposé doit se dilater un peu; et lorqu'on examine l'œil qu'on avait tenu fermé, on voit sa pupille, fortement dilatée pendant l'occlusion, revenir à ses dimensions premières dès que la lumière pénètre de nouveau dans l'organe.

« Dans tous les cas, il faut éviter d'examiner l'œil en plein soleil, au voisinage de murailles blanchies, ou d'autres corps blancs volumineux, qui réfléchissent beaucoup de lumière et font presque fermer la pupille, au delà de laquelle on ne peut plus rien apercevoir. Il faut aussi avoir soin d'enlever la bride, si elle est garnie d'un garde-vue, car la surface de cette partie du harnais envoie à l'œil des rayons qui nuisent à l'examen. »

Un mot sur le *chanfrein* et sur les *naseaux*. Le premier s'étend du front aux seconds qui sont les ouvertures extérieures de l'appareil respiratoire.

[1] On nomme *pupille* l'ouverture d'une membrane interne de l'œil, dont le diamètre et la forme varient à chaque instant, suivant le degré de vivacité de la lumière.

Comme le front, et en même temps que lui, le chanfrein se montre large et plat, ou étroit et busqué. Ce dernier caractère est une défectuosité; l'autre est une condition favorable et par cela même une beauté. La largeur du chanfrein mesure la capacité des fosses nasales, qui sont situées dessous et qui livrent passage à l'air à son entrée dans la poitrine et à sa sortie de cette cavité. Qu'on ne l'oublie pas, jamais aucune partie de l'appareil respiratoire n'a été trouvée trop développée.

La courbure du chanfrein fait appliquer à la tête l'épithète busquée. Cette défectuosité nuit à la respiration qui n'a pas la même liberté, la même ampleur que sous un chanfrein large et droit dans sa ligne. Beaucoup, parmi les chevaux à tête busquée, sont sujets au cornage, affection ou inconvénient grave qui déprécie notablement les animaux, vice essentiel qui se transmet comme la fluxion périodique des yeux, et qui, aussi bien que cette dernière, se fixe dans le sang d'une race au point de se répéter avec une certitude désespérante sur la très-grande majorité de ses produits. Il faudrait donc rejeter avec soin tout étalon ou toute poulinière atteints de cornage ou sifflage.

Nous savons déjà ce que c'est que la *bouche*, l'une des ouvertures de l'appareil de la digestion; elle présente une foule de subdivisions parmi lesquelles les plus importantes pour nous seront les lèvres, les barres, la langue et les dents.

Les *lèvres* ont joué un certain rôle dans les livres d'équitation et dans la pratique des écuyers à raison des facilités ou des difficultés qu'elles présentaient pour ajuster le mors de la bride d'une certaine manière. L'art a progressé et trouve plus simple aujourd'hui d'ajuster sur chaque bouche le mors qui lui convient que de chercher les moyens un peu saugrenus d'ajuster toutes les bouches sur un mors unique. Ceci est l'affaire de l'éperonnier.

Par leur très-grande mobilité, les lèvres donnent à la physionomie des expressions très-diverses et si accentuées qu'elles trahissent toutes les impressions de l'animal, toutes ses passions.

Les *barres* sont l'espace intermédiaire qui, des deux côtés de la mâchoire, sépare les dents du devant des dents du fond, les incisives des molaires, c'est sur elles que le mors porte et agit. Il en résulte qu'on les veut comme ceci ou comme cela, ni trop ni trop peu sensibles afin d'avoir plus de facilité à conduire, à diriger le cheval. On a sur ce point débité bien des sottises et créé théoriquement une foule de perfections ou d'imperfections qui ne sont guère que dans la main du conducteur. Quand celui-ci entend le cheval, lorsqu'il sait son métier de cavalier, de cocher ou de charretier, il tire bon parti de toutes les bouches ; il leur fait adopter un mors qui ne les gêne pas et ne leur fait sentir son appui qu'en raison même des besoins.

Il n'y a de mauvaises bouches que celles qu'on n'a pas l'intelligence de rendre bonnes.

De la langue nous ne voulons rien dire, au point de vue de l'ajustement du mors, car nous serions forcé de nous répéter; mais la *langue* concourt à la mastication des aliments et, à ce titre, elle à remplir un important office. Il y a lieu de s'assurer qu'elle est entière. Il est parfois arrivé qu'elle a été, par accident, coupée plus ou moins profondément dans son épaisseur, voire jusqu'à la chute d'une portion de sa partie libre. Chez quelques chevaux, on la voit *pendre* hors de la bouche, c'est un signe de faiblesse, de peu de valeur par conséquent.

Restent les *dents*.

La denture complète du cheval se compose de quarante dents : douze molaires, six incisives et deux crochets à chaque mâchoire. Ces dernières manquent le plus souvent chez la femelle; celles qui les possèdent, par exception, sont dites *bréhaignes*. Sait-on pourquoi ? on ne peut appliquer l'appellation au fait de la stérilité comme le donnerait à penser l'origine du mot.

Les molaires doivent être en bon état afin que la mastication s'effectue d'une manière complète et efficace. C'est là tout ce que nous devons dire. Il n'en est pas de même des incisives sur lesquelles nous allons trouver les signes les plus importants pour la détermination de l'âge.

Elles sont implantées à l'extrémité libre de chaque mâchoire, sous les lèvres qui les couvrent. On les distingue par paires en *pinces*, celles qui se touchent suivant le plan médian et occupent le milieu de l'arc incisif; en *mitoyennes*, celles de chaque côté des pinces; en *coins*, celles qui viennent aux extrémités de l'arc; on appelle encore *dents de lait*, ou *caduques*, celles qui existent dans la première époque de la vie et forment la première dentition, et *dents de remplacement*, ou *persistantes*, celles qui apparaissent après la chute des autres et durent autant que la vie ou à peu près.

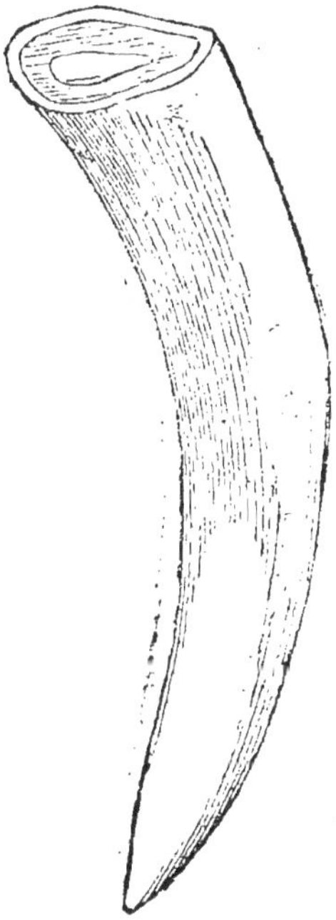

Grav. 2.
Incisives de remplacement.

Les dents ne cessent de pousser, mais elles s'usent par le frottement dans une mesure égale, ou peut s'en faut, à leur croissance. C'est sur cette particularité qu'est basé tout le système relatif à la connaissance de l'âge.

Grav. 3. — Coupe horizontale d'une incisive de remplacement.

Recourbées et un peu tordues sur leur longueur, les incisives se montrent — aplaties d'avant en arrière à leur sommet; épaisses dans tous les sens vers leur milieu, — aplaties encore mais d'un côté à l'autre, de gauche à droite, en approchant de l'extrémité de la racine (*grav.* 2). Par suite de cette disposition, cela va de soi, la partie apparente de la dent change successivement dans sa forme à mesure que le cheval vieillit ou que l'organe s'use, c'est tout un (*grav.* 3).

Quand elle vient d'acquérir tout son développement, la dent offre, dans sa coupe longitudinale, l'aspect de la gravure 4. Le bord extérieur B est mis en contact avec la mâchoire opposée; le bord intérieur B', moins élevé, n'est pas encore exposé au frottement, à l'usure par conséquent.

Grav. 4.
Le cornet dentaire de l'incisive de remplacement.

Au milieu de la partie supérieure, qui s'appelle la table, entre les deux bords que nous venons de désigner, se remarque une cavité C, connue sous le nom de *cornet dentaire* : la matière noire qui emplit cette cavité se nomme *germe de fève*.

Aussi longtemps que le bord B de la dent nouvelle n'est pas parvenu à la hauteur des dents qui ont poussé avant elle, l'usure est impossible : dès qu'il commence à frotter, la dent subit sa première modification.

La deuxième modification a lieu quand, par suite de l'usure, le bord B est descendu au niveau du bord intérieur B' ; alors celui-ci frotte et s'use à son tour. Bientôt le pourtour de la table est entamé ; le cornet dentaire est au centre, occupé par le germe de fève.

Cependant cette dernière substance, ne se renouvelant pas, diminue à mesure que la dent pousse et s'use par son extrémité libre.

Une troisième modification de la dent apparaît quand le sac C', qui contient le germe de la fève, est usé, c'est-à-dire quand la table ne présente plus à l'observateur qu'une couche d'ivoire presque unie. Alors le cheval a *rasé*.

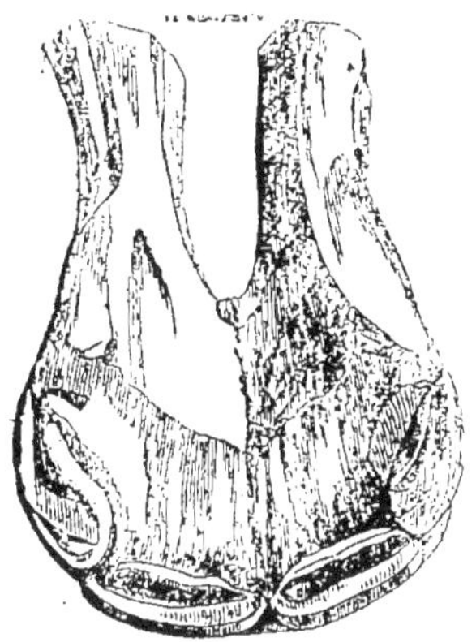

Grav. 5.— Les incisives du poulain, du trentième au quarantième jour

En tout cela, le lecteur l'a compris, il ne s'agit que des incisives ; nous ne parlerons plus des autres dents.

En naissant, le poulain n'apporte pas d'incisives. Les pinces percent la gencive à quinze jours ; les mitoyennes se montrent à un mois ; les coins ne sortent qu'à huit mois (*grav.* 5).

A un an, les pinces ont rasé, elles ont donc éprouvé jusqu'à leur troisième modification ; les mitoyennes en sont à leur deuxième ; les coins arrivent seulement à leur première et sont encore intacts.

A deux ans, les mitoyennes ont rasé; les coins sont à leur deuxième modification; les pinces commencent à se déchausser, signe d'une chute prochaine.

En effet, de deux ans et demi à trois ans, les pinces de remplacement ont chassé les dents de lait; les coins ont rasé, les mitoyennes se déchaussent (*grav.* 6).

De trois ans et demi à quatre ans, les pinces de remplacement sont à leur première modification; les mitoyennes caduques ont fait place aux dents persistantes; les coins ne tarderont pas à tomber.

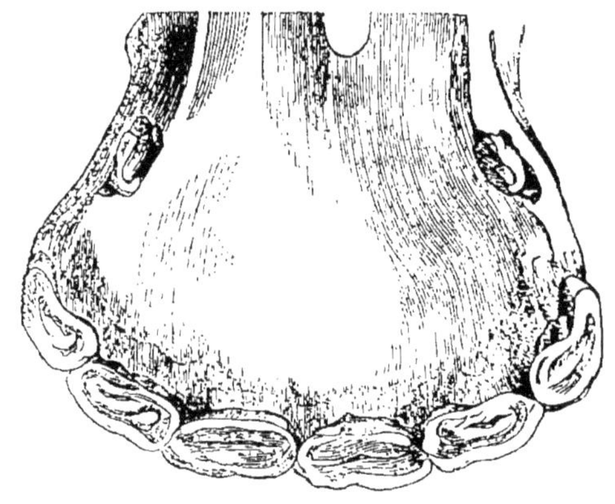

Grav. 6. — Les incisives de deux ans et demi à trois ans.

De quatre ans et demi à cinq ans, les pinces en sont à leur deuxième modification et les mitoyennes à leur première seulement; les coins de remplacement percent les gencives. Dès qu'ils ont atteint le niveau des mitoyennes, la denture est complète : on dit que le cheval *a tout mis* (*grav.* 7).

Il entre alors dans une période nouvelle, celle de la plus grande valeur commerciale. Les incisives forment, à cet âge, un demi-cercle parfait dont la régularité se modifiera peu à peu, mais profondément avec les années.

A six ans, les pinces en sont à leur troisième et les mitoyennes à leur deuxième modification; les coins n'usent encore que leur bord extérieur (première modification), le bord intérieur est intact.

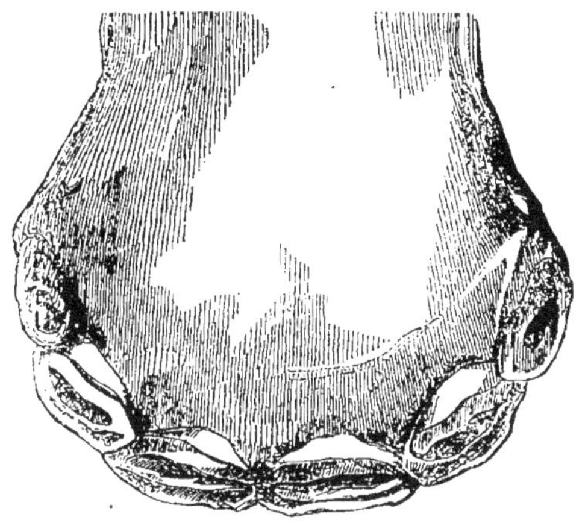

Grav. 7. — Le cheval prenant cinq ans.

Les incisives de la mâchoire inférieure se présentent alors comme en la gravure 8 : les pinces PP ont rasé et le germe de fève a disparu pour toujours, les mitoyennes MM ont nivelé leur bord intérieur, et le germe de fève se montre au centre du cornet dentaire; enfin les coins CC n'usent encore que le bord extérieur, l'autre est dans toute sa fraîcheur.

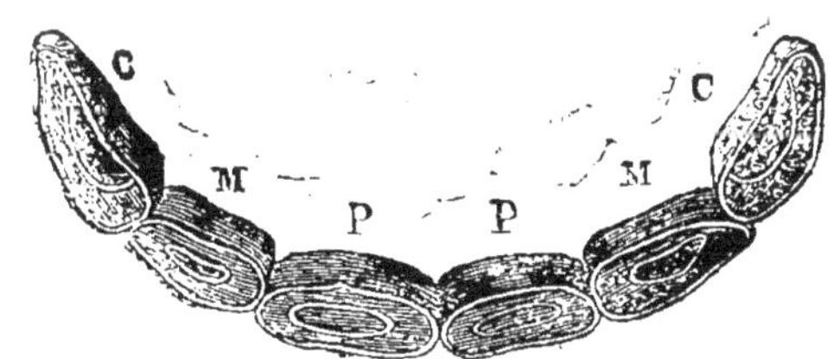

Grav 8. — La mâchoire inférieure du cheval de six ans.

A sept ans, les pinces et les mitoyennes ont rasé; les coins en sont à la deuxième modification et, seuls, conservent encore le germe de fève.

A huit ans, la *marque*, c'est-à-dire le germe de fève, a disparu dans toutes les incisives de la mâchoire inférieure; on dit que le cheval *a rasé* (*grav.* 9). On disait autrefois, à cause de cela, l'animal *hors d'âge*. On en sait un peu plus long aujourd'hui. D'ailleurs, toutes les incisives de la mâchoire supérieure portent encore le germe de fève.

A neuf ans, il a, à son tour, disparu dans les pinces supérieures, qui ont rasé : les pinces et les mitoyennes inférieures présentent une forme ovale déjà un peu rétrécie. Les coins s'épaississent, mais la forme circulaire de la mâchoire est encore bien accusée.

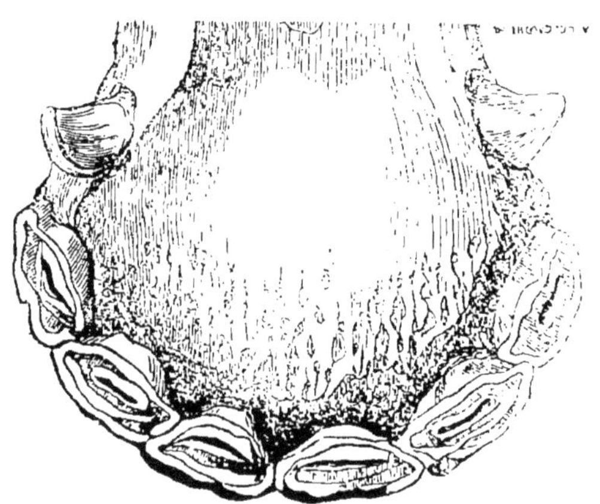

Grav. 9. — Les incisives inférieures à huit ans.

A dix ans, les mitoyennes supérieures cessent de marquer; à l'autre mâchoire, les pinces commencent à s'arrondir, les mitoyennes et les coins ont encore beaucoup plus de largeur que d'épaisseur.

A onze ans, les coins supérieurs ne marquent plus ; en bas, les mitoyennes s'arrondissent, mais les coins sont ovalaires (*grav.* 10).

A douze ans, le rasement est complet : les pinces inférieures sont rondes, et les coins de la mâchoire supérieure sont fortement échancrés.

A treize ans, la mâchoire inférieure montre les mitoyennes rondes, et les coins, très-épaissis, présentent une forme ovoïde assez exacte.

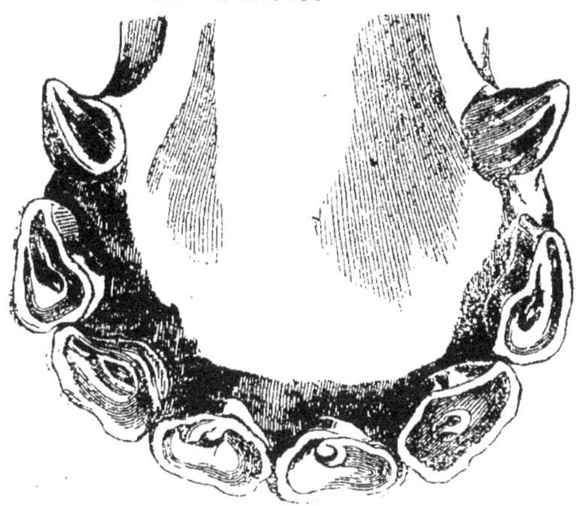

Grav. 10. — Les incisives inférieures à onze ans.

A quatorze ans, les coins s'arrondissent, comme les mitoyennes à treize ans, et comme les pinces à douze (*grav.* 11).

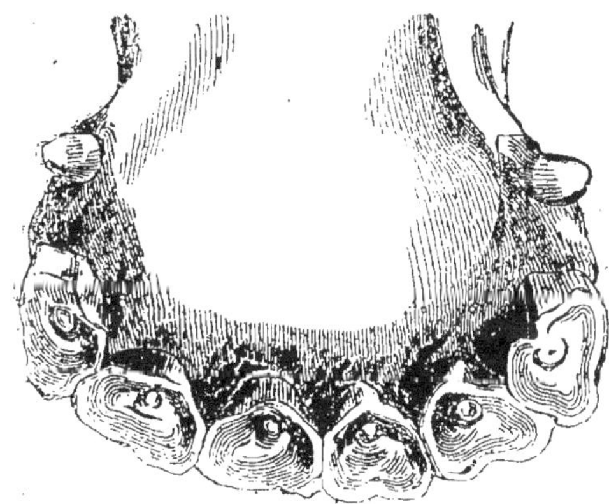

Grav. 11. — Les incisives inférieures à quatorze ans.

A quinze ans, toutes les incisives inférieures sont encore rondes; l'aspect de la mâchoire est très-modifié; l'arc de cercle forme tout au plus un huitième de circonférence (*grav.* 12).

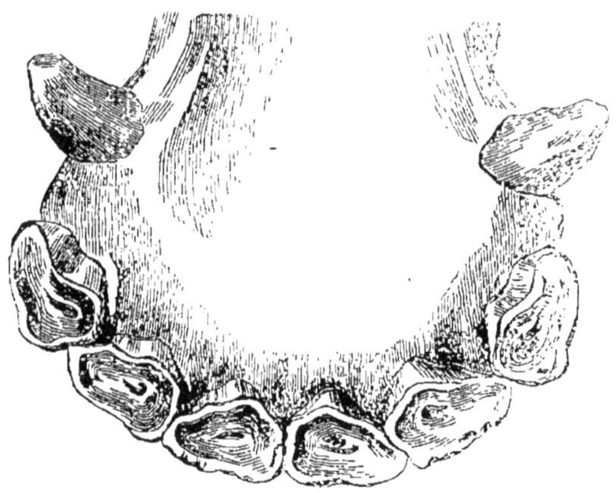

Grav. 12. — Les incisives inférieures à quinze ans.

A partir de seize ans, les dents passent successivement et par paires par la forme triangulaire d'abord (*grav.* 13)

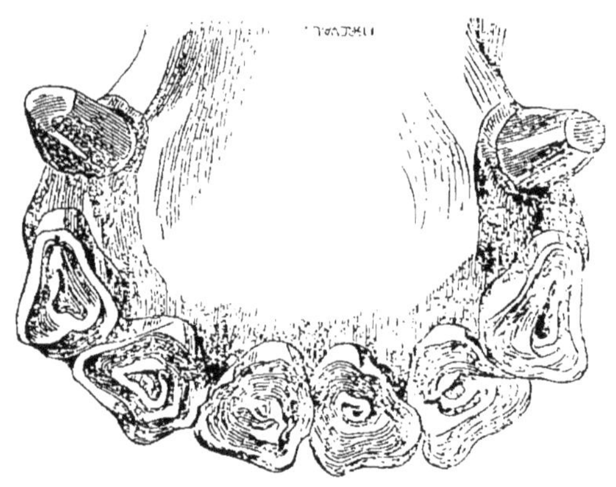

Grav. 13. — Les incisives inférieures à dix-huit ans.

et ensuite par la dernière forme, celle qui est qualifiée de biangulaire (*grav.* 14), pour arriver au dernier terme (*grav.* 15).

Passé quinze ans, la détermination exacte de l'âge est chose beaucoup moins importante que la constatation de de son état actuel bien plus propre à faire apprécier d'une manière certaine son degré d'utilité, la somme des services qu'il est encore capable de rendre en dépit de ses années. L'apparence générale, la condition des membres offriront alors des données plus sûres que l'inspection des dents; la véritable vieillesse vient moins du temps que de la ruine et de la destruction successive de tous les organes. Beaucoup de chevaux sont vieux, c'est-à-dire incapables, dès l'âge de douze ans, mais on en voit aussi de quinze et seize ans dont la membrure est solide, dont la poitrine est

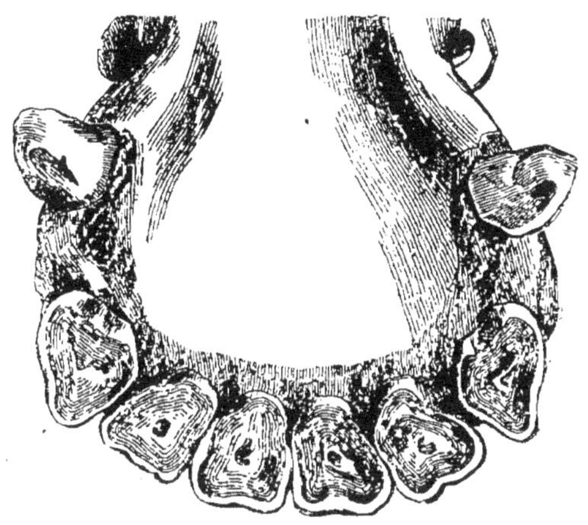

Grav. 14. — Les incisives inférieures de vingt à vingt-cinq ans.

saine, dont l'œil est ardent, et dont l'état de conservation promet encore d'excellents et longs services.

Chez les animaux de bonne souche qu'on a toujours bien nourris, qu'on n'a point surmenés, l'âge a souvent produit des effets salutaires en condensant les parties solides de la machine, en les faisant plus résistantes; mais la vieillesse est venue prématurément chez une foule d'autres qu'on n'a pas su ménager, ou dont on a abusé avant la maturité.

La question d'âge n'a donc rien d'absolu.

Avant de passer outre, nous devons nous occuper de certains cas exceptionnels qui rendent la détermination de l'âge un peu moins aisée que lorsque la dentition est régulière.

Parfois le cornet dentaire ne disparaît pas aux époques que nous avons indiquées. Cette anomalie vient ou de l'excès de profondeur du cul-de-sac du cornet (*grav.* 4 C') ou d'une usure beaucoup plus lente par suite de l'excessive dureté de la matière dont les dents sont formées.

Les chevaux chez lesquels se présente cette irrégularité sont dits *bégus*.

Les incisives du cheval bégu, nous le répétons, portent

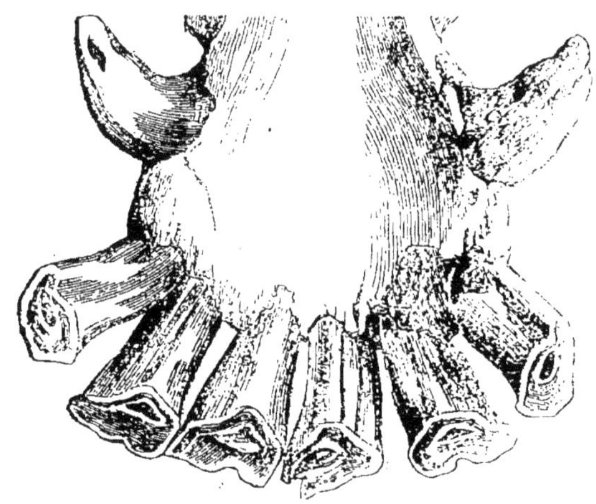

Grav. 15. — Mâchoire inférieure du cheval arrivé à l'extrême vieillesse.

toutes le germe de fève; toutes s'arrêtent à la deuxième modification et montrent leur pourtour nivelé. Il en résulte que les pinces marquent cinq ans et les coins sept ans. Là est l'anomalie; l'irrégularité est flagrante et dévoilée. Un autre indice la décèle chez l'animal bégu par défaut d'usure, la longueur disproportionnée des dents.

Il n'y a pas de cheval bégu avant six ans, et encore ne sera-t-il bégu à cette époque que pour les pinces; il le devient pour les mitoyennes à sept ans, et à huit ans pour les coins.

Certains chevaux appuient et frottent leurs incisives

contre les crèches ou tous autres corps durs, qui se trouvent à leur portée : ils usent ces dents en biseau. Ce sont des *tiqueurs;* ils ont le *tic avec usure des dents*, défaut non rédhibitoire par cela seul qu'il est apparent.

Il y a des chevaux qui *avancent*, qui paraissent à la dent plus âgés qu'ils ne sont réellement, par la perte anticipée de la marque. Cela tient ou à ce qu'il ont été nourris exclusivement au sec, d'aliments très-durs, ou à ce que, chez eux, la matière dont les dents sont formées a offert moins de résistance au frottement.

En général, quand il y a désaccord entre l'âge réel et l'âge apparent, il y a lieu de s'en tenir aux indications des dents les plus jeunes qui offrent moins de chance d'anomalie : les coins, on le sait, sont plus jeunes que les mitoyennes, et celles-ci plus jeunes que les pinces.

Il est prudent, enfin, de contrôler les indications même les plus précises fournies par la mâchoire inférieure, par les signes que fournit aussi l'examen des incisives supérieures.

Mais voici venir la fraude et les ruses du maquignonnage. Tantôt on vieillit un jeune cheval pour lui donner une valeur marchande qu'il n'a point encore, tantôt on veut rajeunir le vieux cheval en donnant à ses dents les signes d'un âge depuis longtemps passé.

On parvient à vieillir de dix-huit mois à deux ans, le jeune cheval auquel on arrache les pinces à dix-huit mois, les mitoyennes à deux ans, ou les coins à trois ans. On peut déjouer cette fraude par l'examen attentif des dents les plus jeunes.

Etant présenté un cheval de dix-huit mois dont les pinces ont été arrachées et qu'on veut faire passer pour cheval de trois ans, on remarquera que les mitoyennes caduques portent encore le germe de fève ou viennent seulement de le perdre; que les coins caducs sont à leur première modification, le bord intérieur étant encore au-dessous du bord extérieur. Ce n'est pas là un cheval de trois ans dont les coins caducs devraient avoir complétement rasé et à plus forte raison les mitoyennes.

Chez le cheval de deux ans auquel on a enlevé les mitoyennes pour lui donner trois ans et demi, on verra que les coins portent encore le germe de fève et marquent seulement l'âge vrai, deux ans.

On arrache les coins à trois ans pour indiquer de quatre ans à quatre ans et demi. On y serait facilement trompé si on ne se rappelait pas ceci : à quatre ans, les mitoyennes de remplacement doivent avoir presque tout leur développement tandis qu'elles n'ont pas encore paru à trois ans, ou du moins qu'elles viennent tout au plus de surgir.

Toute extraction prématurée se trahit par l'absence, dans la cavité laissée, du bord antérieur de la dent de remplacement.

Les dents qui viennent remplacer des dents arrachées sont plus petites et moins régulièrement conformées que les autres; par suite la denture ne présente pas, à cinq ans, sa forme circulaire parfaite.

Il existe un moyen de faire pousser prématurément les coins de remplacement sans arracher les coins caduques. Il consiste à donner fréquemment dans les gencives de légers coups de lancette : l'avance peut-être d'une année entière; on a souvent recours à cette pratique en Angleterre pour vendre comme ayant cinq ans de jeunes chevaux de quatre ans.

On emploie plusieurs moyens aussi pour *rajeunir* les dents ou le cheval. Le premier est une sorte de *contre-marque* à laquelle on procède de la manière suivante : à l'aide d'un burin, on pratique dans la table de la dent une cavité que l'on noircit avec un fil de métal rougi au feu ; on entend, par là, imiter le germe de fève. Cette fraude est facile à reconnaître : si habilement pratiquée qu'elle ait été, la cavité factice se distingue toujours par l'absence de l'émail qui circonscrit le cornet dentaire extérieur.

Un piége plus grossier consiste à scier une partie des dents qui sont restées trop longues et qui, par cela même, sont un indice de vieillesse. On déjoue la ruse en examinant la bouche fermée, car alors les incisives ne peuvent se joindre.

L'*Auge* est ce vide plus ou moins large, plus ou moins creux, qui existe à la face postérieure de la tête, entre les os qui forment la base des ganaches.

Cette partie doit être parfaitement évidée, nette et profonde. Quand elle est étroite et serrée, la tête est certainement difforme ou tout au moins défectueuse, longue, étroite elle-même, souvent busquée. Alors les fosses nasales ont peu de développement et, par continuité, la poitrine est serrée, peu spacieuse. Dans les conditions opposées, les grandes proportions de l'auge témoignent en faveur des grandes dimensions de tout l'appareil respiratoire. L'auge est ainsi faite chez les chevaux qui ont la tête carrée et une grande puissance d'haleine. Conséquente dans toutes ses œuvres, la nature observe avec soin les mêmes rapports, soit dans les conformations les plus accomplies, soit dans les structures imparfaites. Nous insistons beaucoup sur se point parce qu'il importe qu'on soit bien fixé sur la loi d'harmonie générale qui relie entre elles toutes les grandes fonctions de la vie.

Pour en finir avec la tête, nous avons encore à nous occuper de sa position et de ses dimensions. Dans leur ensemble, celles-ci résultent de la configuration et du volume propres aux diverses régions qui la constituent, de leur disposition respective; l'autre dépend du mode d'union de la région avec l'encolure.

La position verticale retient les allures qui sont à la fois lentes et raccourcies. A l'époque actuelle, on recherche trop la vitesse pour faire de cette position une beauté, une qualité, puisqu'elle n'a par elle-même aucun avantage.

Au repos, on considère que la tête est bien attachée quand son union avec l'encolure présente un sillon peu profond, qui permet un libre mouvement entre ces deux parties. Alors, la tête est aisée dans toutes ses actions; les premières voies respiratoires n'éprouvent aucune gêne et le mors se maintient convenablement sur les barres pour produire en tout son effet utile.

Il ne faut pas oublier que la tête est la région sur laquelle on agit tout d'abord quand on veut imposer une direction quelconque aux actions dont la machine entière est capable, une impulsion déterminée aux forces qu'elle crée et qu'elle est appelée à dépenser au profit du maître. C'est la tête qui reçoit les pièces de harnachement dont se compose l'*appareil de gouverne*, et l'animal se sent dominé dès qu'il en est pourvu. La bride, tenue par une main intelligente, le rend obéissant et maniable, prompt à suivre et à exécuter la volonté du conducteur quand elle lui est transmise avec quelque habileté; le mors, placé dans la bouche et posé sur les barres, est un moyen de soumission très-sûr, à moins que son effet se fasse sentir avec maladresse ou bien à contre-temps.

La tête, on le voit, joue dans les actes de la locomotion, un rôle considérable, par les attitudes variées qu'elle prend ou qu'on lui inflige. Portée en avant ou en arrière, de gauche à droite ou de bas en haut, elle déplace d'une manière très-notable le centre de gravité de la machine; mais dans ces actions très-diverses elle ne fait que suivre les mouvements de l'*encolure* qui la joint au tronc.

Cette seconde région forme avec la première, qu'elle supporte, un balancier dont nous venons d'indiquer l'usage et qui prévient la chute dans tous les mouvements rapides ou excessifs. Le cheval qui tire avec force porte la tête et l'encolure en avant, pour avancer le centre de gravité et faire équilibre, autant que possible, à la résistance fixée au collier. Aux allures relevées, la tête est haute pour rejeter le poids du corps en arrière et soulager le train antérieur, l'avant-main.

En cela pourtant, l'encolure agit plus encore par sa longueur que par son poids, aussi et bien qu'en théorie on ne soit pas d'accord sur la convenance de la longueur de l'encolure, il y a lieu de remarquer que plus la tête est légère plus l'encolure s'allonge en général. Il en faut chercher la mesure dans ses rapports avec les autres parties du corps, en ayant égard aussi aux aptitudes de l'animal, au genre de service auquel sa conformation le rend propre.

Les chevaux appelés à des travaux rapides doivent avoir l'encolure plus longue et plus légère que ceux dont la destination est le trait plus ou moins lent. Chez ces derniers, la région doit être plus courte, plus épaisse, plus lourde, autant pour faciliter par son poids le tirage que pour offrir au collier un certain nombre de points de contact favorables à son effet utile sur les résistances à vaincre. Chez les chevaux de selle ou d'attelage rapide, toutefois, l'encolure remplit à un degré bien autrement élevé l'office d'un bras de levier puissant. Par la liberté, par la variété et l'étendue des mouvements, ce bras de levier contribue activement à affermir les diverses attitudes qu'une locomotion hardie et précipitée impose à tout moment à la machine entière.

Résumons-nous : la longueur de l'encolure est une condition de structure favorable chez le cheval destiné aux vives allures en tant qu'elle coïncide avec un développement proportionnel des masses musculaires, sans quoi elle surchargerait l'avant-main de son poids et du poids de la tête, multipliée par sa longueur. La brièveté, compagne inséparable de sa masse, est une défectuosité, un inconvénient, quand on recherche une grande vitesse, parce qu'elle est une condition défavorable au déplacement du centre de gravité et à l'étendue d'enjambée des membres antérieurs; mais elle est un avantage à son tour, si elle n'est pas par trop exagérée, pour le service du trait au pas, car elle offre, nous l'avons constaté, de nombreux et solides points de contact à l'appareil du tirage, à l'appui du collier. Quant à sa direction, qui varie beaucoup aussi, la direction droite est bien celle qui favorise au plus haut degré la fonction importante que la région remplit dans la machine animée.

C'est le bord supérieur de l'encolure qui porte la crinière, longue et soyeuse, lourde à la main dans les races distinguées; plus courte et plus rare sur les races moyennes; épaisse et touffue chez l'espèce commune où elle est quelquefois double, c'est-à-dire tombante sur les deux faces de l'encolure et ouverte par le milieu qui se salit alors aisément et devient difficile à nettoyer.

La partie opposée est principalement formée par la trachée-artère ou canal aérien. Elle est d'autant plus large que la trachée-artère est plus grosse, que les voies respiratoires sont plus vastes au-dessus ou au-dessous d'elle. Considérez donc son grand développement comme une beauté extérieure.

B. Le dessus. — Très-usité dans la langue parlée, ce mot n'a point encore eu les honneurs d'un chapitre écrit. Nous l'employons à dessein pour désigner la ligne supérieure du corps, qui a pour base le milieu de la tige vertébrale, ce qu'on appelle encore, en arrière du garrot, la colonne dorso-lombaire.

Nous trouvons là un groupe de trois régions importantes, qui se suivent, le *garrot*, le *dos* et les *reins*. Ce nouvel ensemble fournit de précieuses indications sur le degré de résistance que l'animal offrira dans sa carrière, selon qu'il portera un cavalier, le poids des brancards d'une lourde charrette, ou qu'il devra être seulement appliqué au tirage sans transport à dos. Le dessus ne se montre pas toujours le même dans sa direction. Tantôt la ligne s'incline légèrement en arrière du garrot, puis se continue droite pour se relever quelque peu vers la croupe qui, nonobstant, reste plus basse que le garrot ; d'autres fois le sommet de la croupe se montre exactement au niveau du sommet du garrot, et le degré d'inclinaison de la ligne supérieure, entre ses deux points extrêmes, varie davantage ; d'autrefois enfin, l'inclinaison est en sens contraire de celle que nous avons signalée d'abord, et la ligne de dessus va en descendant de l'arrière à l'avant, d'où résulte plus d'élévation à la croupe et moins de hauteur au garrot.

La première conformation, le garrot *plus élevé* que la croupe, permet au cheval de porter le cavalier avec moins de fatigue, car l'élévation des parties antérieures rejette une portion de son poids sur l'arrière ; la seconde, le garrot *plus bas* que la croupe, décharge l'arrière-main et lui laisse plus de liberté et de force pour pousser la machine en avant et la faire progresser plus vite ; la troisième enfin, le garrot et la croupe *sous le même niveau*, équilibre les puissances sans rien enlever à aucune.

Cette simple différence implique une grande diversité dans les formes, et cette diversité vient uniquement de ce que l'une des parties de la machine domine sur l'autre.

Située entre l'encolure et le dos, la petite région, appelée le *garrot*, a pour base les apophyses épineuses des cinq à six vertèbres qui suivent celles du cou. Sur elles viennent s'attacher, comme à autant de bras de levier, un grand nombre de puissances musculaires et de cordes ligamenteuses ou tendineuses, résistantes ou élastiques. Le degré d'élévation de ces branches osseuses fait que le garrot est *bas* ou *bien sorti*. Toutes les conditions de sa beauté sont là. La hauteur implique un port élevé de la tête, et un jeu libre des mouvements de l'épaule, elle allége l'avant-main par la plus grande perpendicularité donnée aux masses musculaires qui agissent sur le bras de levier de l'encolure, et par la plus grande étendue de contraction qui en résulte pour les muscles qui se rendent à l'épaule. Chez le cheval, au contraire, dont le garrot ne forme pas de saillie proéminente au-dessus des épaules et demeure, comme on dit, noyé dans les chairs, ni l'encolure ni la tête ne peuvent prendre une attitude élevée. Alors, elles pèsent sur l'avant-main ; l'épaule a peu de liberté, ses mouvements sont raccourcis ; l'animal est *bas du devant*, conformation défectueuse pour le service de la selle en ce qu'elle rend l'animal lourd à la main et pesant dans ses allures. Le harnais est difficilement maintenu sur le dos et charge encore davantage les membres antérieurs dont la tâche n'est déjà que trop pénible à remplir. Aucun de ces inconvénients ne se produit lorsque le garrot est élevé. Le garrot bas est souvent contusionné, l'autre se défend efficacement contre toutes les causes de meurtrissure auxquelles celui-ci reste exposé. C'est en général sur le cheval de sang que cette région est le mieux conformée, c'est-à-dire proéminente, sèche ou même tranchante. Dans l'espèce de trait, elle acquiert rarement beaucoup de hauteur, mais celle-ci ne lui était pas nécessaire au même degré, car le cheval de trait n'a pas besoin d'une attitude de tête aussi haute, ni d'une liberté d'épaules aussi grande. L'emploi de limonier doit néanmoins faire repousser l'animal au garrot trop bas, ou empâté, à raison de la fréquence des accidents qui prennent le nom de *mal de garrot*.

Nous rencontrons ici une nouvelle application de cette loi de rapports ou d'harmonie dont nous avons déjà parlé, car la belle conformation du garrot n'est jamais isolée. Elle accompagne toujours une épaule longue qui n'existerait pas sans une grande hauteur de poitrine, tandis que le garrot noyé, rond et charnu, accuse généralement des formes lourdes et empâtées, une épaule courte et chargée, etc. Un garrot élevé n'est pas seulement l'apanage des familles chevalines nobles, il est aussi un signe de force, bientôt confirmé par l'aspect de toutes les formes, qui se montrent anguleuses et très-accentuées. Il ne faut rien chercher de semblable chez les chevaux au garrot peu saillant ; ils ont au contraire les formes potelées et molles, et tous les contours arrondis.

Le *dos* occupe le centre de la ligne du dessus, entre le garrot et le rein, que nous trouverons bientôt à la suite. Il reçoit la selle et le poids du cavalier, la sellette et la dossière qui porte les brancards, ainsi que le harnais particulier à la bête de somme, le bât. C'est donc cette région qui ressent le premier effet du fardeau quelconque, dont on charge un quadrupède, le cheval en tête. A ce titre, elle a besoin de réunir toutes les conditions de solidité et de souplesse nécessaires à l'entier accomplissement du rôle qui lui est dévolu.

Ici, comme dans toutes les parties essentielles de la machine, la belle conformation varie avec le genre d'aptitude. On recherche avec raison le dos plus long chez le cheval aux allures rapides, et le dos plus lourd chez l'animal de gros trait, apte seulement à cheminer au pas. Mais ces considérations ne se rapportent qu'à l'étendue de la région dans le sens de la longueur ; on ne la trouve jamais ni trop large, ni trop musculeuse ; mais elle affecte parfois d'autres directions que la ligne droite. Ce point reste à examiner.

C'est par cette partie et par le rein que, pour une grande part, se transmet à l'avant-main la puissante impulsion de l'arrière chez l'animal en mouvement et en travail. L'action transmise le sera dans des conditions d'autant meilleures que la colonne vertébrale sera plus droite ; en cas de déviation, il y aura nécessairement décomposition de force, un résultat amoindri. Sous le rapport mécanique, la ligne supérieure représente une tige appuyée seulement par ses extrémités. C'est vers son milieu qu'on la charge du poids du cavalier ou d'un tout autre fardeau. Plus elle sera longue, plus elle fléchira. Son degré de résistance le plus élevé sera dans sa brièveté, comme sa faiblesse sera en raison de sa longueur. Quand elle a fléchi, lorsqu'elle s'est incurvée de façon à montrer le dos concave, on dit le cheval *ensellé* ou *creux du dos*. Cette imperfection, souvent congéniale, indique peu de résistance ; elle coïncide avec un autre défaut qui affecte les rayons inférieurs des membres, et qui est désigné par l'expression *long jointé*. Long de corps et long jointé vont de pair, comme la conformation opposée des mêmes régions. Cependant, *l'ensellement* est aussi le fait de la vieillesse ; il apparaît plus vite chez le cheval long de corps qu'on a pesamment chargé en le livrant trop jeune au travail.

La ligne convexe du dos présente une disposition de beaucoup préférable, à raison de la force de résistance qui est plus grande dans la forme en voûte. Celle-ci est particulièrement favorable aux chevaux de bât, mais moins avantageuse à ceux qui doivent dépenser leur activité à de vives allures sans être astreints à porter un poids quelque peu lourd.

On recherche quelquefois les chevaux ensellés parce qu'on les considère comme ayant les réactions moins dures et devant moins fatiguer le cavalier. C'est dans une autre ordre d'idées et de faits que se trouvent la souplesse et la douceur des mouvements. Le cheval devenu creux sur le dos, par usure, n'est point une monture agréable et qui puisse porter mollement; il n'est pas moins dur dans ses actions qu'un autre; c'est même bien souvent le contraire : le liant et la souplesse résultent de l'ensemble de la conformation, et non des conditions particulières d'une seule partie du corps.

La région du *rein* correspond à la précédente qu'elle continue; elle a pour base les six vertèbres lombaires et les muscles qui les recouvrent. Ces muscles ne sont pas moins importants par leur masse que par leurs usages.

La direction, la forme, la richesse de structure du rein participent beaucoup des bonnes ou mauvaises conditions du dos. L'ensellement de celui-ci entraîne plus ou moins l'affaissement de l'autre; la convexité du rein accompagne toujours ce qu'on appelle *dos de mulet* ou *dos de carpe* : par contre, la belle conformation de cette région favorise la solide structure du rein qui alors se présente suivant une ligne assez droite, bien soutenue, et sous une forme assez large, indice certain de force et de résistance. Au surplus, les deux divisions présentent dans leurs avantages ou leurs inconvénients, dans ce qui constitue la beauté ou l'imperfection, les mêmes conditions, et nous venons de les établir. Il en est de même de la longueur, mais le rein doit offrir plus de surface que le dos et se montrer large. On le veut droit ou du moins non concave, afin que l'action des muscles de la croupe arrive plus directement et soit plus puissamment transmise aux parties antérieures ; on le veut aussi court, large, musculeux, pour qu'il ait force et résistance, pour qu'il puisse supporter avec plus d'aisance et plus longtemps les fardeaux à porter ou à traîner ; on le veut enfin assez souple pour que, légèrement pincée sur l'épine lombaire, la colonne fléchisse instantanément sous les doigts. En cas d'insuccès, il est raide et dénote l'usure. Le rein concave est appelé *bas* et *mou;* il peut être lié à la croupe qui le limite en arrière ; alors il est *mal attaché*, et le point de jonction forme une ligne de démarcation qui n'existe pas dans la belle conformation ; enfin il est *long*, *étroit*, ou *faible*, et ces épithètes emportent avec elles leur véritable signification, laquelle, malheureusement, n'implique que des conditions d'infériorité. Chez les chevaux dont le rein est ainsi fait, les accidents, les *efforts*, sont assez fréquents. Alors les mouvements de l'arrière manquent d'aisance ; la démarche n'est pas très-régulière ; la croupe se berce d'un côté à l'autre ; il y a faiblesse, et le rein se refuse soit à traîner, soit à porter un fardeau moyen au delà d'un certain laps de temps ou d'un certain parcours.

Nous étions autorisé à dire, en commençant l'étude de ce groupe, que la ligne du dessus a beaucoup d'importance et joue un rôle considérable dans la machine animée.

C. La poitrine ne mérite pas une moindre attention.

Nous savons déjà quels organes sont renfermés dans sa cavité. Le cerveau, le cœur et le poumon forment, a-t-on dit, le trépied de la vie. Le premier a été muré dans une boîte solide qui le met à l'abri de toute atteinte extérieure ; les deux autres ont été logés dans une cage osseuse, mobile, admirablement appropriée à leur condition respective. Le poumon et le cœur ont besoin d'espace, de beaucoup d'espace. L'entier et utile accomplissement des fonctions qui leur sont départies dépend et de leur propre développement et de la facilité avec laquelle ils peuvent alternativement s'emplir et se vider sans s'arrêter jamais, sans éprouver aucune gêne. Pour que le contenu puisse être volumineux il faut que le contenant soit ample, très-ample. Toutes les conditions de beauté se réduisent ici dans un seul fait, mais il est capital ; il résulte des plus grandes dimensions de la cavité de la poitrine. Là est la toute puissance, la vitalité la plus énergique. Quand la poitrine est vaste, le poumon est volumineux, la respiration est large et facile ; le cœur est gros et projette vigoureusement, à chacune de ses contractions, une masse considérable d'un sang riche et nutritif dans tous les organes ; les muscles qui prennent leur appui sur les côtes ont plus d'étendue et d'activité ; toutes les parties de l'animal sont fortement excitées et plus vivantes ; l'action musculaire est plus prompte et plus complète.

Les fonctions les plus essentielles, la respiration, la circulation, la nutrition et la locomotion, sont donc très-étroitement liées à la conformation de la poitrine, à sa capacité intérieure, facile à mesurer par ses proportions extérieures.

Cette vaste région comporte, en hippographie, de nombreuses subdivisions que nous laisserons à l'écart parce que la forme seule, dans son ensemble, nous intéresse. Elle est spacieuse, et on la dit belle, quand elle est haute, large et profonde ; mais il faut s'entendre sur la signification de ces mots.

La hauteur de la poitrine se mesure du garrot à la région sternale, au point où les membres antérieurs se détachent du tronc : sa capacité est pourtant mieux déterminée ou du moins accusée d'une manière plus exacte par cette expression très-caractéristique, *poitrine descendue.* Au surplus, le mode de mensuration du cheval se divise quant à sa hauteur prise du sommet du garrot à terre, en deux parties : l'une pleine, c'est la poitrine ; l'autre vide, qui vient au-dessous et que la longueur des rayons libres du membre détermine. Ces deux divisions, inégales, font que le cheval a la poitrine *haute* ou *descendue*, qu'il se montre près de terre, quelle que soit d'ailleurs sa taille ; dans les conditions opposées, c'est-à-dire quand la poitrine ne descend pas assez entre les membres antérieurs, on trouve que le cheval *n'a pas de poitrine*, qu'il *n'a pas de passage de sangle*, ou bien encore qu'il est *enlevé*, qu'il est *trop loin de terre*, qu'il lui *passe trop d'air sous le ventre.*

La partie pleine de la poitrine est la plus grande des deux divisions que nous venons de faire dans la taille du cheval, mais la différence a des degrés ; plus elle est considérable au profit de la partie pleine, plus vaste est la capacité de la poitrine, meilleure est la conformation générale de l'individu pris dans son ensemble. Chez les chevaux les mieux constitués à tous égards, la différence dépasse souvent 30 centimètres ; chez les plus défectueux, elle descend entre 15 et 10 centimètres. Mais il n'est pas besoin d'avoir un mètre à la main pour apprécier ces deux longueurs, ces deux divisions inégales. On les mesure très-facilement et très-sûrement avec l'œil en prenant pour repère un point fixe, soit le sommet du coude. La poitrine qui s'arrête au niveau, ou seulement à très-peu de distance de cette petite région, manque de hauteur et fait dire le cheval *enlevé ;* celle qui descend beaucoup au-dessous est plus haute, montre le cheval plus près de terre ; elle est *bien descendue*. Dans le premier cas, la pointe antérieure de l'os qui la ferme en dessous (le *sternum*) se relève en carène de vaisseau ; cette conformation coïncide avec un mauvais passage de sangles : dans le second cas, elle plonge en s'abaissant entre les avant-bras et augmente d'autant la capacité intérieure, l'espace occupé par les poumons.

La largeur se mesure de face en considérant le poitrail et l'écartement des membres antérieurs. Le grand développement de cette dimension est un signe de force. Le poitrail *étroit* ou *serré* n'appartient qu'à des constitutions inachevées, à des natures plus nerveuses ou plus impressionnables que musculeuses et résistantes ; il annonce une capacité intérieure insuffisante, des voies respiratoires peu ouvertes. Une petite trachée passe aisément par une petite ouverture ; mais au calibre peu considérable du conduit aérien succèdent des divisions bronchiques d'un calibre très-exigu ; par suite les poumons ont peu de volume, et la cavité de la poitrine ne se fait pas vaste, dans toutes ses dimensions, pour loger de petits organes. Extérieurement, la grosseur des muscles pectoraux répond en tout aux proportions du thorax. On ne voit pas des muscles puissants s'attacher à des os menus, étroits et serrés les uns contre les autres, lorsqu'ils doivent s'éloigner et offrir de larges surfaces à leur solide implantation. Quand donc le poitrail est large, son entrée donne accès à un gros tube trachélien duquel naissent de grosses divisions bronchiques qui s'entourent d'un tissu pulmonaire abondant et vivant. Si nous remontions vers la tête, nous trouverions les cavités nasales larges et spacieuses chez les chevaux au poitrail ouvert, les mêmes régions étroites et serrées chez ceux dont l'entrée de la poitrine est exiguë : si, au contraire, nous portions nos regards sur la structure des membres antérieurs, nous les verrions très-longs et grêles dans ce dernier cas, et dans l'autre, amples, forts et solidement appuyés...

C'est ainsi que cette importante loi d'harmonie et d'accord, déjà signalée, se montre partout et préside avec la même certitude au développement des diverses pièces de la machine pour établir entre toutes une solidarité parfaite.

On a dit que le développement du poitrail pouvait être excessif et nuire beaucoup à la légèreté du cheval de selle. Si ce défaut a été commun dans les anciennes races, il faut avouer que celles de l'époque actuelle en ont été singulièrement corrigées. Les chevaux *trop larges du devant* ou *trop chargés du poitrail* sont bien rares aujourd'hui ; bien plus nombreux sont les chevaux étroits, minces, serrés et plats.

Enfin la profondeur de la poitrine s'établit d'avant en arrière. On dit vulgairement une poitrine haute et profonde, en employant ces épithètes comme synonymes; on confond alors deux dimensions parfaitement distinctes. La profondeur du thorax ne peut être prise que dans le sens de la longueur du corps, et c'est bien en ce sens qu'on trouve le plus d'espace. Chacune des côtes peut offrir une surface plus ou moins large ou plus ou moins étroite; elles peuvent être aussi plus rapprochées ou plus éloignées les unes des autres et former la cage thoracique plus ou moins profonde.

On a beaucoup disserté sur la forme arrondie ou elliptique de la poitrine. Les uns la veulent cylindrique, par la raison qu'un cercle contient plus qu'une ellipse d'une égale dimension, d'où il résulte que plus l'ellipse dévie du cercle et moins elle contient. Faisant application de ce fait à la poitrine, on ajoute : Une poitrine haute n'est spacieuse et n'offre une grande capacité qu'en raison de sa largeur proportionnelle. Sans repousser la démonstration, on en excepte le cheval de pur sang anglais, dont les poumons sont très-volumineux et dont la puissance d'haleine est presque illimitée, parce que, dit-on, si la poitrine est plus aplatie que ronde, elle est aussi beaucoup plus haute, car la côte est très-longue et la région sternale très-descendue. Mais beaucoup contestent qu'il y ait suffisante compensation et donnent la préférence à la forme cylindrique.

Tous cependant ont raison. Cette dernière forme, qui donne à l'animal de vastes poumons, le fait aussi épais, charnu et lourd, afin de l'approprier à une spécialité précieuse, celle de la force et de la résistance par le poids. Le cheval de trait doit être ainsi conformé. Nécessaire à une autre destination, la forme elliptique a d'autres avantages : elle allégie la machine dans toutes ses parties antérieures et lui permet de fonctionner avec beaucoup plus d'agilité; mais, pour suffire à toute l'activité imposée aux actes respiratoires, elle a besoin de racheter par la *hauteur* et par la *profondeur* ce qu'elle perd en cessant d'être cylindrique. La poitrine haute, qui ne serait pas profonde, ne serait qu'une poitrine *étroite* et *serrée*, aux poumons insuffisants. On en voit beaucoup de cette forme, elles sont défectueuses au premier chef. La poitrine ronde, cylindrique, n'a besoin ni de la même hauteur, ni de la même profondeur; car, en effet, à dimensions égales, un cercle contient plus qu'une ellipse. Or, si utile que soit le grand développement de l'appareil pulmonaire, il a aussi ses limites, qui eussent été dépassées, au détriment d'autres appareils, dans la poitrine cylindrique, si elle avait présenté à un égal degré les avantages propres à l'ellipse et réciproquement. Les deux formes ont donc leur utilité et leur raison d'être; elles aboutissent l'une et l'autre à une grande capacité sans atteindre jamais à l'excès; il faut les considérer toutes les deux comme mauvaises, c'est-à-dire comme insuffisantes, lorsque, proportionnellement au reste de la machine, elles offrent — celle-ci un cylindre trop étroit, — celle-là une ellipse défectueuse ou incomplète.

Nous ne pouvons quitter cette région sans donner un coup d'œil très-attentif au flanc qu'on a très-heureusement défini le *miroir de la poitrine*. En effet, il répète avec une fidélité parfaite les mouvements d'élévation et d'abaissement des parois du thorax, lesquels répondent aux actes inspirateurs et expirateurs : la régularité ou l'irrégularité de la respiration se trahit dans cette petite région, dont l'étendue des mouvements n'est gênée par rien, puisqu'elle n'est composée que de parties molles. Tenant à la dernière côte, celle-ci lui imprime aisément et forcément l'agitation normale ou anormale qui l'élève et l'abaisse alternativement. C'est ainsi que le flanc devient réellement le miroir de la poitrine.

On ne veut le flanc ni long, ni creux, ni cordé. La longueur de cette partie coïncide toujours avec l'excès de longueur du rein, deux défectuosités pour une. Ce n'est pas tout cependant, le flanc n'a trop de longueur que lorsque la poitrine manque de profondeur. Voilà un animal affreux, car il ne vaudra guère avec sa mauvaise poitrine et son mauvais rein. Les conditions opposées dicteront un tout autre jugement. Le cheval ne saurait être médiocre, qui a la poitrine profonde, le flanc et le rein courts, car aussitôt ces régions se montrent couvertes de muscles volumineux et puissants. C'est ainsi que la force appelle la force dans une même structure, et que les causes de faiblesse se multiplient logiquement chez un même individu, par cela seul qu'une région considérable, faiblement constituée, ne permet pas autour d'elle le développement d'un degré de puissance qui lui nuirait.

On dit *efflanqué*, le cheval dont l'état du flanc, creux et cordé, indique de la souffrance. Celle-ci peut être le résultat d'une conformation naturellement défectueuse, ou la suite d'un mal passager ; le plus souvent, elle dénonce une disposition particulière et mauvaise des organes digestifs. Le flanc est *levretté*, quand il donne à l'animal l'apparence de la conformation du lévrier. Les chevaux ainsi faits sont en général petits mangeurs et délicats sur la nourriture qu'ils digèrent plus ou moins mal, et, pourtant, chose étrange, ils ont d'ordinaire beaucoup d'ardeur. A la vérité, celle-ci n'a pas de durée ; c'est *un feu de paille*, et bientôt ils sont *sur le flanc*. Ces sortes de chevaux se ruinent très-vite, tout en ne rendant que d'assez pauvres services.

Voyons maintenant les mouvements du flanc. L'expérience veut avec raison qu'on les recherche égaux et réguliers ; leur vitesse s'accélère par l'exercice, sous l'influence de la douleur, etc. L'animal est dit *souffleur* ou *court d'haleine*, s'il reste longtemps essoufflé après un travail plus ou moins rapide. Dans la *pousse*, ces mouvements sont irréguliers et entrecoupés d'un *soubresaut*.

D. Le ventre forme en arrière et en dessous de l'animal, la contre-partie des côtes. De même que le développement extérieur de la poitrine se montre en raison directe de l'étendue des fonctions respiratoires dans chaque individu, de même l'ampleur du ventre répond au volume des viscères digestifs abdominaux. Chez le cheval néanmoins, le volume est en raison inverse de la qualité nutritive des aliments dont il fait usage. Le cheval doit manger, conséquemment se nourrir de substances très-riches sous un petit volume; encore n'en tirera-t-il en quelque sorte que la quintessence, faute de pouvoir donner un temps suffisant à la digestion. Si on le soumet à un régime grossier, si on veut qu'il vive de nourritures pauvres, il en exigera d'énormes quantités qui distendront la masse intestinale en chargeant beaucoup le suspensoir qui la soutient. Dès lors le ventre prendra des dimensions exagérées, disproportionnées, qui alourdiront l'animal, en témoignant du grand volume des intestins. Pour se loger, ceux-ci refouleront le diaphragme, cloison mobile qui sépare la poitrine de l'abdomen, et gêneront dans leur jeu les organes de l'économie qui ont le plus besoin de toute leur liberté d'action. Le développement exagéré du ventre porte donc un très-notable préjudice à l'économie. Les vastes dimensions des poumons allégent la machine, la grande capacité du ventre l'alourdit; l'air qui emplit la poitrine n'a pas la pesanteur des matières qui emplissent le canal digestif: il n'y a point de comparaison à établir entre le poids d'un poumon plein de l'aliment qu'il est chargé d'élaborer, et le poids du tube alimentaire plein des nourritures qu'il est chargé de digérer. Il y a donc lieu à prendre ceci en très-grande considération, afin de donner au cheval le régime qui lui est propre et en dehors duquel on fait un animal quelconque, plus ou moins lourd, apathique, impuissant ou monstrueux, non une machine organisée suivant les lois qui la régissent.

Le cheval propre aux services rapides aura le ventre bien conformé si, dans son développement, il ne dépasse pas la circonférence du thorax. Plus celle-ci sera grande, plus sera considérable la capacité du ventre. Le volume moindre, obtenu à l'aide du régime spécial de l'*entraînement*, est nécessité par des exigences particulières et temporaires; il constitue un état passager, non une condition normale. Le plus grand volume est un inconvénient toujours, il ôte à l'animal de son ensemble, car il détruit l'harmonie entre toutes les formes et devient une imperfection qui a son nom: il fait dire le ventre *tombant*, ou *avalé*, ou *ventre de vache*. Cette défectuosité en provoque souvent une autre, et l'on voit beaucoup de chevaux au ventre avalé, devenir ensellés par suite de la flexion de la ligne supérieure, de la colonne dorso-lombaire. « Il en est de même, dit très-judicieusement M. F. Lecoq, il en est de même des chevaux à côte plate, dont la poitrine resserrée rejette en arrière les viscères abdominaux. Le ventre de vache indique un cheval mou, grand mangeur, et peu propre aux allures rapides, à cause de sa masse et de son peu d'haleine. En effet, les côtes, s'élevant à chaque mouvement respiratoire, doivent soulever la masse intestinale qu'elles supportent par leurs extrémités, et le mouvement d'élévation devient d'autant plus pénible à exécuter que le ventre, plus développé, oppose une plus grande résistance. Le ventre de la jument qui a porté, reste toujours plus volumineux qu'avant la gestation..... »

Le défaut opposé a aussi sa dénomination particulière, et l'on dit, *étroit de boyaux*, le cheval dont le ventre va se resserrant vers les flancs. Celui-ci se nourrit mal et finit par souffrir ; il n'est pas capable d'un service bien suivi. Il se rapproche beaucoup pour la durée et la résistance, trop peu prolongées, des chevaux qui ont le flanc retroussé ou qu'on appelle levrettés.

En somme, la conformation de toute cette région sera réputée bonne lorsqu'elle continuera la forme extérieure de la poitrine, c'est-à-dire lorsqu'elle se fondra doucement avec le cercle des côtes et les flancs.

E. La croupe vient à la suite du rein et se termine par la queue. Ces deux régions, qui n'en font qu'une tant elles restent dans la dépendance l'une de l'autre, complètent le tronc en arrière. Leur ampleur et leur bonne direction influent sur la beauté de l'individu en général, mais elles ne remplissent cette condition que parce qu'elles sont une puissance, une force incontestée qui donnent un grand prix à l'animal. Eloigné du foyer central de la vie, ce groupe semble n'en pas recevoir toujours assez d'activité pour se former entièrement; plus fréquemment il reste comme inachevé. Sont rares, en effet, les chevaux dont l'arrière prend un accroissement proportionnel au développement des parties antérieures, bien que cette conformation soit particulièrement favorable à tous les services et plus encore aux services rapides.

Le point essentiel dans la conformation de la croupe est son étendue, sa longueur d'avant en arrière et sa largeur d'un côté à l'autre : jamais croupe n'a été trop longue : courte, elle n'a jamais été belle en ce que, dans ce cas, elle ne réunit pas les conditions nécessaires à son plein effet. L'animal long dans sa ligne dorsale et lombaire, manque de vigueur et ne résiste pas au travail. Ces imperfections, presque toujours accompagnées d'une croupe courte, seraient fort atténuées par une croupe longue. La puissance et l'énergie se trouvent bien plus sûrement dans la conformation inverse, c'est-à-dire chez les animaux longs par la croupe et courts du rein et du dos. Les petites dimensions de la croupe sont défavorables à l'extension des allures; par contre, l'action des membres est tout autre chez les animaux à croupe longue et bien musclée. Ces deux conditions, qui ne vont guère l'une sans l'autre, se complètent naturellement; la longueur du bras de levier (due à l'étendue de la charpente osseuse) fournit à la puissance, aux muscles, le moyen d'agir, de se contracter plus fortement.

On a longtemps cherché dans la direction de la croupe une autre condition de sa bonne conformation; mais l'examen attentif et raisonné d'après les lois même de la mécanique a facilement démontré que les croupes horizontales ou inclinées remplissent également bien, suivant les cas, le rôle dévolu à la région dans des conformations différentes.

L'épaisseur des muscles qui la forment et la direction des os qui lui servent de base lui font appliquer des dénominations très-diverses. On l'appelle *double* quand, très-charnue, elle présente deux coussins saillants, séparés par un sillon médian. C'est la conformation de la région chez les races de gros trait et notamment chez la race boulonnaise. Toujours large, elle donne bien l'expression de la force, mais de la force agissant avec lenteur; elle serait trop lourde chez les races rapides où les lois de la mécanique veulent qu'elle soit plus longue que large sous peine de voir perdue pour l'effet utile — la progression — une partie des actions dépensées sans profit et employées au mouvement latéral (bercement du train postérieur) résultant d'un excès de largeur.

La croupe *tranchante*, désignée encore sous le nom de *croupe de mulet*, présente un contraste frappant avec celle-ci. Dans la croupe double, les os disparaissent sous le développement des muscles; dans la croupe tranchante, c'est la charpente osseuse qui s'impose à la vue : elle forme de chaque côté de l'épine sacrée, haute et saillante, un plan très-incliné, et les muscles qu'elle supporte, quoique fermes, rigides et forts, offrent peu de volume. La croupe est assez généralement tranchante dans les races légères des contrées montagneuses. La mode l'a souvent repoussée, mais sans motif plausible à moins qu'elle manque d'une ampleur relative.

La croupe *horizontale* se définit d'elle-même; elle se trouve à peu près sur la même ligne que le rein et la continue. Au rebours de la précédente, la mode l'avait adoptée comme plus agréable à l'œil, mais sans autre raison sérieuse, car l'exagération, ici, ne se justifierait par rien de fondé ; elle appartient aux races de luxe qui brillent plus qu'elles ne peinent. La croupe trop droite manquerait par cela même d'énergie. Il est beaucoup préférable qu'elle soit jusqu'à un certain point *anguleuse*, dénomination qui lui vient quand la disposition de ses éminences osseuses donne, en effet, à sa surface plusieurs angles accentués. Ceci est une beauté extérieure, parce qu'on en trouve aisément la raison physiologique. En donnant aux bras de leviers beaucoup de longueur, elle favorise singulièrement l'action musculaire éloignée par cette longueur même du parallélisme qui lui devient défavorable dans les croupes trop horizontales. Il ne saurait être question, faut-il donc le dire? des croupes que l'amaigrissement et la pauvreté auraient faites accidentellement anguleuses, mais de celles qui le sont naturellement et par conformation. La croupe anguleuse, longue et puissamment musclée, est le modèle des croupes, et pourrait se trouver avec avantage dans toutes les races quelconques du cheval. La croupe droite est suffisante chez les races alimentaires dont les produits sont destinés à la consommation.

Enfin, on appelle croupe *basse, avalée, coupée, en pupitre*, celle qui va en s'abaissant dans le sens de la longueur. Cette disposition donne à la région une apparence raccourcie et défectueuse ; elle appartient aux races les plus communes et les plus abandonnées, et déplaît très-généralement. Mais « ce n'est pas seulement sous le rapport du coup d'œil, dit M. F. Lecoq, que la croupe horizontale est préférable à la croupe avalée ; il est un autre motif fondé sur la conformation anatomique du membre postérieur. Plus la croupe est avalée, plus se trouve abaissé le point d'origine des muscles ischio-tibiaux, et plus aussi ces muscles se trouvent raccourcis : d'où résulte une diminution de leur étendue de contraction.

« Il ne faut pas croire cependant que cette diminution de longueur des muscles soit toujours en raison directe de l'abaissement de la croupe ; car le membre suit souvent en grande partie le déplacement du bassin, et s'engage d'autant plus sous le corps que la croupe est plus oblique ; et cet engagement sous le centre de gravité, surchargeant le jarret et déterminant sa détente principalement de bas en haut, amène la ruine de cette articulation importante beaucoup plus vite chez les chevaux à croupe avalée que chez ceux à croupe horizontale, dont le jarret est moins chargé et se détend surtout d'arrière en avant. »

Un mot encore sur la croupe *étroite* et incomplète sous le rapport de son développement musculaire. Partage des races déchues, elle n'annonce aucune puissance et coïncide avec l'exiguïté ou l'insuffisance de tout le train postérieur, qui se montre serré dans ses membres de derrière. Cette conformation ne répond que trop à l'étroitesse de la poitrine ; elle fait les chevaux *serrés du derrière*, comme l'insuffisance du thorax fait les chevaux *serrés du devant*. Les mouvements sont gênés ; l'animal *se coupe*, *s'entre-taille* et se fatigue facilement.

L'étroitesse de la croupe rend l'animal *pointu*, conformation vicieuse à tous égards, opposée à ce qui serait la perfection au moins pour tous les services rapides, lesquels réclament une structure en coin, suivant une expression déjà employée, en coin d'arrière en avant, c'est-à-dire large, étoffée de la croupe et relativement étroite de poitrail. L'animal ainsi fait perce aisément droit devant lui par la raison que l'avant-main est légère et que l'arrière-main est puissante. Dans le cheval de trait lent, il n'est pas besoin de cette différence de volumes entre les deux grandes divisions. Ici l'équilibre est au contraire une nécessité ; si même il y avait à le rompre jusqu'à un certain point, ce devrait être sans doute au bénéfice des parties antérieures.

Ce qu'on nomme la *hanche* se confond tellement aussi avec la croupe qu'on ne saurait l'en séparer dans l'étude. On finit par restreindre cette appellation à la saillie que forme sous la peau l'angle externe et antérieur de l'os appelé *ilium*. La distance entre les deux hanches mesure la largeur de la croupe dont les proportions ne sont jamais trop étendues.

La conformation de la hanche dépend exclusivement de la direction de l'os dont la saillie la plus avancée lui constitue une base. Elle est d'autant plus prononcée et plus haute que la croupe est plus oblique, d'autant plus effacée et basse que cette même région est plus horizontale; elle a son maximum de développement dans la croupe coupée.

La hanche n'est bonne, utilement conformée, qu'autant qu'elle est convenablement accentuée et forme saillie au-dessus de toutes les parties environnantes. Ce qu'on croit être un excès sous ce rapport fait appeler l'animal *cornu*, et l'on a pendant longtemps pris cette appellation en mauvaise part parce que la hanche saillante paraissait d'une forme un peu trop heurtée. « Il y avait, dit M. de Curnieu, une plaisanterie qui consistait à faire semblant d'accrocher son chapeau à la hanche d'un cheval qu'on trouvait trop maigre. La terreur qu'inspirait ce sarcasme a fait naître les hanches effacées, que l'on trouvait naguère encore si nombreuses en Normandie, et la défectuosité avait pris la place de la perfection dans l'estime générale. »

On dit encore *épointé*, ou bien *éhanché*, le cheval, dont les hanches ne sont point également saillantes et situées à même hauteur ou à même distance de la ligne médiane. Cette imperfection résulte toujours d'une fracture de l'angle externe de l'*ilium*.

Il est impossible de séparer les indices fournis par la *queue* de ceux qui résultent de la conformation de la croupe. Elle est bien attachée quand la direction de cette partie est bonne, et en même temps elle se montre forte et bien fournie, et donne à l'animal un cachet d'élégance qui n'est pas sans influence sur l'ensemble; elle est commune et molle, mal portée, quand elle tient à une croupe défectueuse. La résistance qu'elle offre à la main qui cherche à la soulever est un témoignage vulgaire, mais sûr d'énergie. La force musculaire est la même dans tout le système d'un même animal, le cheval mou et veule l'est dans toutes ses parties, et le *criterium* de la queue ne trompe pas plus qu'un essai plus général.

La queue porte naturellement de longs crins dont il était de mode autrefois de priver presque tous les chevaux. Mieux avisé à présent, on se borne à les écourter seulement, lorsqu'ils sont trop longs; on a reconnu, à la fin, qu'ils étaient nécessaires aux animaux qu'on envoie au pâturage et qui ont à se défendre contre les attaques incessantes des insectes.

Sous la queue se trouve l'*anus*. C'est l'orifice du fondement, l'extrémité de l'intestin par laquelle les excréments sortent du corps.

Protégé par la proéminence des fesses, défendu par le gros du tronçon de la queue, l'anus paraît peu exposé aux violences extérieures. Malgré cela, l'animal frappé ou menacé par derrière serre vivement et instinctivement la queue contre les fesses. Est-ce donc pour préserver l'anus? Oui et non. Cette action fait partie d'un mouvement général de resserrement des régions de l'arrière-main. L'animal abaisse la croupe, se rapetisse et se rétrécit pour éloigner les coups, pour échapper à la brutalité qui gronde, à la colère qui éclate. Il n'y a là rien de particulier à l'anus.

Quoique petit et bien fermé, celui-ci doit apparaître saillant et résistant. Un cheval mou, sans énergie, n'a jamais cette partie du corps bien conformée ou se contractant avec force. A la seule inspection de l'anus, on pourrait connaître si les digestions sont régulières, si les viscères digestifs sont en bon état, si la nutrition s'accomplit dans des conditions satisfaisantes. Chez les chevaux très-âgés, épuisés par le travail ou la misère, l'anus se retire et s'enfonce ; il devient flasque et demeure quelquefois béant, signe de faiblesse et de décadence.

II. — LES MEMBRES.

A la machine dont nous venons d'examiner les rouages principaux, il faut des membres, c'est-à-dire des supports et des moyens de locomotion, car le tronc doit être soutenu dans la station et transporté dans les différentes allures.

Mais on a fort diversement apprécié ce qu'on a dit être l'importance de la membrure en général. Pour les uns, elle est au premier rang, elle passe avant toutes les autres parties de la machine qui, prétend-on, ne vaut qu'en raison de ce que valent les membres eux-mêmes, par suite de leur bonne ou médiocre confection, car « c'est par eux seuls que s'exerce la locomotion ; par eux que la locomotive se déplace et peut bien fonctionner. » En voici d'autres pourtant qui, au rebours des idées reçues, lesquelles ne datent pas d'hier (elles remontent seulement à Xénophon), enseignent ceci, par exemple : « On a vu quelques chevaux lancés au galop de course, courir encore l'espace de plusieurs longueurs de cheval, quoique après s'être fracturé ou, pour mieux dire, fêlé une jambe; mais il est sans exemple qu'un cheval poussif, ou bien asthmatique, soutienne un galop, même le plus modéré, sans s'arrêter pour reprendre haleine : preuve que la poitrine sert plus à la course que les jambes. »..... « Ce n'est pas avec les jambes qu'un cheval marche, et les jambes sont la dernière chose à observer pour juger de sa sûreté. »

L'hyperbole et le paradoxe ont assurément leurs charmes ; nous avons la faiblesse de leur préférer la saine appréciation des choses. Les membres ne sont pas tout dans la machine animale destinée au travail ; ils sont indispensables à la locomotion, que leur absence supprimerait purement et simplement. Nous sommes honteux d'écrire de pareilles naïvetés; mais de ce qu'un cheval ou un chien, un quadrupède quelconque, peuvent encore cheminer sur trois jambes, de ce qu'un homme même peut courir à cloche-pied, il n'en résulte pas le moins du monde que ce *n'est pas avec les jambes qu'un cheval marche.* C'est la poitrine, c'est l'appareil digestif, c'est le cerveau, etc., etc., qui constituent l'organisme et le font vivre ; mais les membres ne sont point la dernière chose à considérer, quand il s'agit de la locomotion. Une jolie fable de La Fontaine — *les Membres et l'Estomac* — a déjà démontré ce que nous pourrions prouver ici à nouveau : toutes les parties sont solidaires dans l'économie,

Chacune reçoit et donne, et la chose est égale.

Il est bien vrai pourtant que ce n'est pas la tête qui s'use la première au travail, à moins que, cessant de remplir leur destination et faisant défaut au bon vouloir de l'animal, celui-ci tombe violemment et vienne se la briser contre un obstacle plus dur et plus résistant qu'elle-même.

Nous accorderons à l'étude des diverses régions des membres une très-sérieuse attention, car nous pensons absolument aujourd'hui comme on pensait à cet égard autrefois, et nous répétons volontiers avec l'un de nos précurseurs : « Une maison ne saurait servir à aucun usage, quelque parfaite qu'elle puisse être dans ses parties supérieures, si elle n'a des fondations convenables... Les jambes sont les colonnes du corps, » non des piliers roides et inflexibles toutefois, mais des colonnes brisées, fortement articulées les unes aux autres, et destinées à ces deux fins : soutenir le tronc et le transporter dans tous les mouvements auxquels se livre l'animal. Cette tâche pourtant ne se trouve pas également répartie entre les membres antérieurs et les membres postérieurs. La construction des premiers leur donne une part plus large au soutien ; celle des derniers, au contraire, en fait plus essentiellement des agents de transport. Par l'effet de la détente de leurs divers rayons, les membres antérieurs exercent principalement leur action de bas en haut et soulèvent le corps qu'ils auront à soutenir dans son retour vers le sol, et les membres postérieurs, agissant d'arrière en avant, poussent la masse en avant.

Tel est le mécanisme de la locomotion dont on donne une idée fort juste en comparant le jeu des membres antérieurs à celui des rais d'une roue de voiture, lesquels supportent successivement le poids du véhicule en venant se placer tour à tour dans l'axe vertical de la roue, tandis qu'on a regardé l'action des membres de derrière comme produisant un effet analogue à l'effort d'un homme qui, placé entre les deux brancards de la voiture, la ferait marcher à reculons en la poussant devant lui.

Cela posé, disons les analogies qui se présentent sous le

rapport anatomique entre certaines régions du membre antérieur et du membre postérieur, après quoi nous reviendrons plus spécialement à l'étude de l'extérieur.

L'os de l'épaule, qu'on nomme aussi *scapulum* ou *omoplate*, présente à sa face externe deux fosses séparées par une crête très-élevée qui sépare les muscles fléchisseurs des muscles extenseurs du bras : on retrouve la même disposition, l'équivalent, dans la fosse iliale, c'est-à-dire dans la large surface concave du *coxal*, os de la hanche et du bassin, que recouvrent les muscles fessiers. Les deux os affectent cependant une position opposée : celui de l'épaule est couché d'arrière en avant sur les côtes, l'autre s'incline d'avant en arrière pour aller offrir au *fémur*, os de la cuisse, sa cavité inférieure dans laquelle est reçue la tête du fémur, comme la tête de l'*humérus*, os du bras, est reçue dans la cavité inférieure de l'omoplate.

La même analogie se remarque entre les os que nous venons de nommer comme servant de base, l'un au bras, l'autre à la cuisse. Chacun d'eux s'incline sur l'os précédent, mais en sens opposé, de manière à former avec lui un angle très-accentué, angle de flexion pour le membre antérieur et d'extension pour le membre postérieur. L'un et l'autre sont couverts d'éminences osseuses, véritables leviers offerts aux muscles qui s'y fixent pour leur faire exécuter les divers mouvements dont ils sont susceptibles.

Dans les rayons qui suivent la ressemblance frappe moins peut-être, mais elle est tout aussi grande. Le radius et le cubitus, os du bras, correspondent au *tibia*, os de la jambe : l'un et l'autre, par leur extrémité inférieure, reposent sur les assises des os du genou et du jarret. Ce qu'on nomme *olécrane*, os du coude, dans le membre antérieur, a son analogue dans la rotule ou os du grasset : tous deux sont en dedans du membre, si l'on peut dire ainsi, le coude en arrière du membre antérieur et la rotule en avant du membre postérieur. Cette opposition apparente n'existe qu'à raison du membre lui-même, dont l'un est devant et l'autre derrière; mais ces os remplissent la même destination, ils servent de bras de levier puissants aux muscles importants qui viennent s'y insérer. Seulement, dans le membre antérieur, ce sont des muscles fléchisseurs, et, dans l'autre, des muscles extenseurs.

Quant à la région du pied, commençant au genou et au jarret, l'analogie est si complète, elle devient si facilement saisissable, qu'il est à peine besoin de la signaler. Les os du genou sont bien au membre antérieur ce que les os du jarret sont au membre postérieur. Les rayons inférieurs se ressemblent si exactement qu'il est difficile de les distinguer anatomiquement entre eux.

A. L'épaule et le bras. Ces deux régions n'en forment qu'une en extérieur. Placées obliquement sur les côtés de la partie antérieure de la poitrine, elles font masse avec le tronc auquel elles fixent le membre antérieur. En avant, à leur point d'union, elles présentent un angle dont le sommet prend le nom d'angle ou de pointe de l'épaule; en arrière de celle-ci, se trouvent des muscles volumineux et puissants, préposés aux actes qui déterminent la progression.

La longueur de l'épaule est la condition essentielle de sa beauté, d'abord parce qu'elle coïncide avec la hauteur de la poitrine, avec ce qu'on appelle plus exactement une poitrine bien descendue, et ensuite parce qu'elle donne la mesure de l'étendue des actions musculaires qui agiront sur le bras, soit pour l'étendre, soit pour le fléchir. La direction oblique d'arrière en avant ajoute beaucoup à cette condition en permettant à l'angle de la région de s'ouvrir plus largement pour embrasser plus de terrain à la fois;

la vitesse en est sensiblement accrue. Le cheval aux épaules courtes et droites a nécessairement, mathématiquement, l'allure raccourcie, car le jeu du membre antérieur est borné dans ses résultats, si libre qu'il soit par ailleurs.

Toutefois, l'obliquité de la région n'est une beauté que chez le cheval rapide; elle serait une imperfection, un inconvénient chez le cheval de gros trait destiné à tirer de pesants fardeaux à l'aide du collier. La meilleure conformation de l'épaule, pour celui-ci, est celle qui présentera à l'appui du harnais la plus grande surface possible. Cette condition ne peut être remplie d'une manière satisfaisante que par une épaule longue et droite, à l'articulation un peu effacée par sa position même. Voilà donc deux spécialités d'emploi qui demandent une conformation différente de l'épaule, si différente même que, dans son exagération, chacune d'elles, parfaite en soi, devient un défaut et nuit beaucoup à l'utilisation complète de l'animal. L'épaule longue et droite offre au collier de nombreux points de contact favorables à l'application des forces du cheval qui tire au pas; l'épaule longue et oblique n'offrirait pas les mêmes avantages au cheval de trait, mais elle donne une extrême vitesse au cheval monté et à celui qu'on attelle à des véhicules légers pour des transports rapides. L'épaule courte est toujours défectueuse, elle coïncide plus particulièrement, cela s'explique à merveille, avec la direction droite.

B. L'avant-bras. C'est la région du membre antérieur qui s'étend du coude au genou. Sa direction doit être verticale; la moindre déviation entraîne des défectuosités d'aplombs qui nous occuperont plus bas. Sa configuration est celle d'une pyramide renversée. Plus cette forme est prononcée, plus grande est la puissance qui la fera agir. C'est à sa partie supérieure, en arrière et en dehors, que sont groupés les muscles de la région. Il en part des cordes tendineuses dont le volume et la densité seront bientôt l'objet d'une appréciation particulière, car ces cordes jouent un rôle considérable dans l'action du membre, dans la détermination de la valeur de l'animal. En haut, l'avant-bras doit être large, *musculeux;* il est grêle ou mince lorsque les muscles ont peu de développement. Alors la puissance fait défaut, non-seulement dans la région mais dans la machine entière. Cette imperfection est commune chez les sujets à poitrine étroite et serrée, qui ne valent guère.

Des considérations spéciales s'attachent à la longueur de l'avant-bras, qui est toujours en raison inverse de celle du canon. L'avant-bras relativement long permet au membre d'embrasser sans effort une grande étendue de terrain: court, au contraire, le chemin parcouru à chaque pas est nécessairement moindre, car à chaque flexion le genou sera porté moins en avant que dans la conformation opposée. Il y a dans ce cas, plus de fatigue pour un résultat moindre.

Quand donc on veut de la vitesse, des allures rapides et allongées, il faut rechercher le cheval à l'avant-bras long et au canon court: il remplira alors tout naturellement sa destination. Si l'on demande, au contraire, beaucoup de liant, du tride, comme on disait autrefois, on s'adressera au cheval à l'avant-bras court et au canon long; les mouvements seront raccourcis, aisés, agréables, brillants; mais on n'obtiendrait la vitesse qu'en sortant l'animal de ses moyens, qu'en le fatiguant outre mesure, en le ruinant prématurément.

Le cheval de pur sang anglais est le type par excellence des grandes et vives allures; il *rase le tapis*, au lieu de relever très-haut le pied comme celui *qui trousse.* Entre ces deux extrêmes, on trouve la meilleure conformation pour les services intermédiaires. Chez le cheval destiné au trait lent, il y a peu d'avantage à rechercher une grande longueur de l'avant-bras. Ce dernier est bien conformé lorsque sa partie musculeuse présente un grand et solide développement.

A l'extrémité supérieure et postérieure de l'avant-bras, nous trouvons le *coude*, petite région correspondant au jarret ; car mécaniquement, nous le répétons, il joue sur le membre antérieur le même rôle que l'autre partie sur le membre postérieur. Plus il a de développement, plus sa direction est parallèle à l'axe du corps, et mieux il remplit ses conditions d'utilité. Il est trop près du corps chez les animaux affectés de *panardise;* il s'en éloigne trop, au contraire, chez ceux qui ont le défaut opposé et qu'on dit *cagneux*. La direction des rayons inférieurs du membre se trouve ainsi dans une dépendance étroite de la position du coude et réciproquement.

Peu marquée lorsque le pied repose sur le sol, la saillie formée par le coude en avant du passage des sangles, devient très-apparente dans les mouvements de flexion : il importe qu'elle jouisse de toute son intégrité, car c'est par elle seule que se transmet à l'avant-bras l'action des muscles extenseurs. On prête avec raison quelque attention à l'examen de cette région chez le cheval ; on la trouve parfois grossie d'une sorte de loupe, désignée sous le nom d'*éponge*, soit à cause de sa structure, soit parce qu'elle est occasionnée par l'éponge du fer, chez les chevaux qui se couchent *en vache*, suivant l'expression usitée. L'existence de cette tumeur est plus désagréable que nuisible. Cependant elle nécessite souvent une opération chirurgicale.

On en prévient le retour en raccourcissant convenablement l'extrémité de la branche du fer qui en détermine le développement.

L'œil s'habitue très-vite, en prenant le coude pour point

de repère, à mesurer la hauteur de la poitrine et à la comparer à la longueur des régions du membre situées au-dessous de la partie pleine de l'animal; deux choses dont nous avons précédemment parlé.

C. **Le genou** répond au poignet de l'homme : c'est une articulation très-compliquée; c'est le centre de réunion entre l'avant-bras et le canon qui vient immédiatement au-dessous. A raison de ses fonctions, qui lui donnent une rude tâche à remplir dans l'économie, la nature a donné à chacune des surfaces qui se rencontrent pour le former, une étendue aussi grande que possible. On le trouve donc dans des conditions d'autant meilleures qu'il se montre plus développé, plus régulièrement grossi en olive : voilà pour son volume et pour sa forme.

Sa position sera bonne, s'il réunit l'avant-bras et le canon suivant une ligne droite. En voici la raison, dit M. Richard :

« Une colonne est d'autant plus apte à supporter le poids dont elle est chargée, qu'elle est plus droite et sans déviation. Or, si l'avant-bras et le canon ne forment pas une ligne droite, si elle est brisée à quelque degré que ce soit, elle remplira plus ou moins mal son but. Tout genou qui, sortant de la ligne d'aplomb, sera porté en avant, en arrière, en dedans ou en dehors, sera donc mal articulé, et par conséquent défectueux.

» Il est cependant des distinctions à établir dans les cas de déviation dont nous parlons. Si le genou est porté en avant par suite de conformation naturelle, ce qui arrive quelquefois, le défaut est moins grave. Le cheval est dit alors *brassicourt*. Le membre, dans ce cas, n'a aucune apparence de fatigue ou d'usure. Si au contraire la déviation qui nous occupe est la conséquence d'excès de travail et du raccourcissement des tendons ou ligaments malades, elle est plus ou moins dangereuse. Le cheval sera sujet à s'abattre, et il en aura probablement les marques aux genoux. Ils seront souvent tuméfiés, blessés, *couronnés* ou cicatrisés et chancelants. Le membre alors est dit *arqué*.

» Le défaut opposé, c'est-à-dire le genou *creux*, est toujours la conséquence d'une mauvaise conformation. On voit que ce vice est un contre-sens de la nature, quand on étudie les dispositions du *radius*, organisé de manière à résister aux efforts qui tendent à le courber en arrière. La courbure naturelle du genou en avant peut ne pas être un grand défaut, si nous nous en rapportons aux lois de mécanique auxquelles le membre doit obéir ; mais la courbure en arrière est toujours grave, suivant le même principe. Une pareille conformation est contraire aux bonnes conditions mécaniques du membre, et par conséquent vicieuse. Toutes conditions égales d'ailleurs, il est impossible qu'un cheval qui a le genou *creux* ou effacé résiste à la fatigue comme s'il l'avait bien placé, ou même naturellement porté en avant.

» Outre le vice d'affaiblir la résistance de la colonne, les déviations du genou en dedans ou en dehors sont nuisibles à la progression. Le membre n'étant pas droit, sa flexion et le jeu de ses extrémités ne peuvent pas s'exécuter dans la ligne d'aplomb exigée. Il flageole alors. Il y a décomposition de force et perte de puissance musculaire, effet d'autant plus nuisible que ses causes sont plus intenses.

» Le genou dans de bonnes conditions d'organisation devra être exempt de blessures, de tumeurs dures ou molles. Il sera sec, légèrement arrondi d'un côté à l'autre ; sa surface antérieure sera lisse, unie, et sans inégalités. Il devra être placé bas, ce qui est un caractère de vitesse. Les forts trotteurs ont le genou près de terre, *ils rasent le tapis* comme on dit, et ils emploient leurs moyens à gagner du terrain en avant. Tout cheval qui a l'avant-bras court, et par conséquent le genou haut et le canon long, est nécessairement un mauvais trotteur. S'il satisfait à cette allure, c'est par exception ou par compensation d'autres avantages moraux ou physiques. Ce genre de conformation fait perdre, pour trousser le membre, une partie de la puissance qui doit être uniquement employée à le porter en avant.

» Maintenant que nous connaissons les fonctions du genou, il nous est facile de conclure : 1° qu'il doit être dans la ligne d'aplomb du membre; 2° fort, bien développé, et sans tares qui puissent borner son jeu ; 3° exempt de blessures ou cicatrices, qui sont quelquefois un caractère de faiblesse ; 4° enfin il doit être près de terre, suivant la théorie que nous avons développée en traitant de l'avant-bras. »

D. Les régions supérieures du membre postérieur. Nous réunissons, dans une seule et même étude, la cuisse, la fesse et le grasset, qui se confondent un peu et qu'on n'a guère d'intérêt à séparer. Ces régions viennent sous la croupe, la hanche et la queue, et ne se détachent pas encore du tronc.

Mal circonscrite extérieurement, la *cuisse* a pour base l'os du fémur et les gros muscles qui l'entourent ; elle correspond à la région du bras. La direction en est oblique d'arrière en avant. Sa longueur, sa grande obliquité en avant et le volume des muscles qui se groupent autour du fémur sont les conditions de sa beauté, de sa bonne conformation, voulons-nous dire ; car plus elle est longue et inclinée, plus grande est l'étendue des mouvements du membre, plus puissante est l'action musculaire, plus grande est la vitesse à toutes les allures.

On a dit quelque part : « L'excès de volume, qui nuit à la rapidité des allures du cheval de selle, est une beauté à rechercher dans le cheval de trait. » Nous ne sachions pas que cette région puisse jamais, dans aucun animal quelconque, pécher par excès de volume, être sous ce rapport en disproportion avec les autres parties du corps ; bien fréquemment, au contraire, elle se présente avec le défaut opposé et se montre tout à la fois *plate* extérieurement et pauvre à sa face interne. Elle est belle, chez le cheval de sang, lorsqu'elle est arrondie et quelque peu distincte des régions voisines par des interstices musculaires apparents, qu'il ne faut pourtant pas confondre avec ceux qui résultent de la maigreur. Elle est naturellement plus épaisse et plus charnue chez les animaux de grosse race, mais même pour eux a cessé d'être usitée l'expression bizarre et fausse de *chargée de cuisine*, par laquelle on entendait désigner la cuisse trop volumineuse.

La face interne de la région, appelée le *plat* de la cuisse, est coupée dans sa largeur par la veine saphène, très-apparente à l'œil. On y pratique quelquefois la saignée. C'est souvent sur ce point que commence le développement du farcin, dont les boutons suivent la direction de la veine.

La cuisse est généralement plate chez les chevaux des contrées montagneuses, dans les races légères ; elle prend une forme arrondie et se montre puissamment active dans les races les mieux conformées, sur les sujets athlétiques, bâtis pour le saut et pour une grande résistance au travail.

La *fesse* vient immédiatement en arrière de la cuisse ; sa base osseuse la place tout à fait à l'opposé de la *hanche* et se trouve être formée par la pointe tubéreuse de l'ischion, comme la base de la hanche est fournie par l'extrémité tubéreuse du même os, appelée ilium. Cependant, la région ne se borne pas à ce point qu'on nomme l'*angle de la fesse*, elle vient de plus haut et descend avec les grandes masses musculeuses qui s'étendent de l'épine sus-sacrée jusqu'au tibia. Dans cette partie elle est exclusivement charnue. Sa beauté résulte de sa longueur et du développement des muscles qui la constituent. On la veut longue ou descendue, proéminente, ferme, accentuée, offrant à l'œil un témoignage non équivoque d'énergie physique, de puissance motrice, et l'on a raison. Très-développée, elle fait dire le cheval *bien culotté*, perfection rare et fort recherchée; bien plus souvent la région est courte et maigre et permettrait de qualifier l'animal de *sans culotte*, conformation ordinaire des races méridionales que l'insuffisance ou la pauvreté du régime ont précipitées au bas de l'échelle de l'espèce. Une région charnue, qui n'a pas de chair, ne donne aux sujets qu'une apparence grêle et chétive; tels apparaissent effectivement ceux qui manquent de fesses. Mais ces observations ne s'appliquent qu'aux animaux dont la santé n'est point en souffrance; la maigreur due à la maladie réduit les proportions, le volume des fesses comme le volume et les proportions de toutes les régions charnues; ce n'est qu'une situation passagère; le retour à l'état normal rend vite la partie à son développement naturel. Les races légères, cela va de soi, et cette dénomination seule le dit assez, ne sont point aussi chargées de fesses que les grosses races, dont le poids et la masse sont l'un des éléments de valeur les plus appréciés. Chez les premières, les muscles de cette région, au côté externe, se séparent de ceux de la cuisse par un interstice qui plaît en ce qu'il permet de mesurer jusqu'à un certain point la richesse musculaire de la région. Ceci n'a pas de nom en sa condition favorable, mais prend celui de *raie de misère* sur les animaux qui ont souffert et qui sont épuisés par la fatigue ou par la vieillesse.

La conformation de la fesse se spécialise chez certaines races dont à son tour elle spécialise les aptitudes. Ainsi, elle est longue et droite, elle descend très-près du jarret chez les chevaux aux allures longues, aux enjambées puissantes et étendues, comme celles du cheval de pur sang anglais et des races qui en procèdent. Chez celles-ci, toute réduction de longueur devient une cause de rapidité moindre ou de moindre extension des allures, une imperfection conséquemment. D'autres races, mais celles-ci auront bientôt cessé d'être complétement, d'autres races présentent la fesse obliquement dirigée en avant, soit que la pointe de l'ischion se trouve plus prolongée en arrière, soit que les muscles prennent moins de développement dans la partie inférieure, soit à raison de l'une et l'autre cause à la fois. Toujours est-il que l'angle de la fesse est plus saillant en arrière et que la région est plus courte ; elle est alors moins favorable à l'étendue des contractions musculaires et à la vitesse, mais elle donne aux mouvements cette forme particulière que l'on a appelée du nom d'allures trides et cadencées. Chez les chevaux de gros trait, la fesse, très-développée en paquets musculeux, dénote par son exubérance plus de masse que d'élégance ; mais, loin d'exclure la force, cette masse est un indice de véritable puissance ; la longueur manque, sans doute, mais ici le volume a plus de prix. On dit la fesse *coupée*, lorsqu'elle s'arrête trop brusquement dans son trajet et ne descend point assez vers le jarret.

Le grasset est situé à l'extrémité inférieure de la cuisse ; il a pour base la rotule. Il correspond au genou de l'homme, mais il a, chez le cheval, son équivalent dans le coude. On le voit recouvert par un repli de la peau qui semble unir le membre à l'abdomen et qui prend le nom de *pli du grasset*. Cette région remplit un rôle nécessaire dans le mouvement d'extension de la jambe sur la cuisse, car elle devient l'agent de transmission des efforts des muscles extenseurs qui viennent du fémur. Cela fait qu'elle a besoin de jouir de toute son intégrité et d'occuper la position que lui assignent ses fonctions. Sa beauté dépend donc et de sa netteté et de sa direction.

Le grasset est bien conformé, lorsque la rotule et les muscles qui s'y implantent forment un relief saillant, bien accusé sous la peau.

Il est situé près du ventre et un peu en dehors, double condition qui implique, d'une part, la longueur et l'obliquité de la cuisse, et d'autre part, la possibilité pour le membre postérieur de se porter librement en avant, sans que la saillie du ventre puisse mettre obstacle à la progression. Le grasset bas indique que le fémur est trop perpendiculaire ; celui qui se montre trop engagé sous le corps ne laisse pas au membre sa pleine et entière liberté d'action.

Le grasset est fort exposé aux violences extérieures, à la luxation et à des blessures diverses. Toute lésion a ici sa gravité par les suites possibles. Non seulement la boiterie qui accompagne toujours la douleur dans cette région ne se guérit pas toujours, mais un mal sourd persiste et l'on voit souvent le membre s'émacier et s'affaiblir.

E. La jambe. C'est la région qui s'étend de la partie inférieure de la cuisse au jarret ; elle a pour base osseuse le tibia. Les muscles qui la garnissent extérieurement et en arrière sont les fléchisseurs et les extenseurs du canon et du pied. Leur volume fait qu'on la dit ou musculeuse, ou grêle. Sous ce rapport, elle se confond très-particulièrement avec la fesse. Quand cette région est bien pourvue, riche et fournie, la jambe ne saurait être ni pauvre ni mince, puisque c'est en grande partie la même masse musculaire qui forme son développement en descendant jusqu'à la naissance de la corde du jarret. En avant, elle doit présenter une saillie très-prononcée, analogue à celle que nous avons signalée en parlant de l'avant-bras et qui résulte des muscles correspondants. D'ailleurs, et déjà nous l'avons dit aussi, par ses fonctions propres, par la direction qu'elle affecte, par le mode d'action des puissances auxquelles elle est soumise, la jambe est au membre abdominal ce que l'avant-bras est au membre antérieur. Toutes les considérations déjà développées sur la longueur de cette dernière région sont parfaitement applicables à l'autre. Elle varie de même et son plus ou moins d'étendue influe d'une manière notable sur les aptitudes de l'animal. On reconnaîtra le trait distinctif de la force dans sa brièveté unie à un grand développement des muscles; mais alors les mouvements sont courts et les allures raccourcies. Cette conformation est belle pourtant à sa manière, elle convient au cheval de trait au pas.

Par contre, la longueur de la jambe implique des mouvements très-étendus, de longues enjambées, des allures rapides, à la condition qu'elle sera proportionnellement bien musclée sous peine d'annoncer une fatigue prochaine, l'impossibilité de résister longtemps au travail. La longueur de cette région est favorable à la vitesse par l'étendue qu'elle donne à la contraction musculaire; mais la durée de celle-ci est en raison du volume des muscles. Or, des muscles grêles ne peuvent soutenir longtemps l'épreuve que leur imposent des contractions très-répétées. Au surplus, la longueur de la jambe, comme celle de l'avant-bras, se montre en rapport inverse de celle du canon : jambe et avant-bras longs — canon court; jambe et avant-bras courts — canon long. Dans tous les animaux construits pour la vitesse, les canons sont courts et les rayons supérieurs des membres, notamment ceux qui viennent au-dessus du jarret et du genou, ont plus de longueur ; le contraire existe chez les animaux dont la marche est lente. Nous aurons l'occasion de revenir sur ce point.

Une autre dimension de la jambe mérite encore de fixer l'attention. Sa forme la meilleure est celle d'une pyramide renversée, parce qu'elle offre alors à sa partie supérieure l'ample développement des muscles qui la rendront forte, énergique et résistante dans l'acte de la locomotion. Mais on la veut large, très-large, l'animal se présentant de profil ; sous ce rapport, il n'y aura jamais excès; on peut ne point s'attacher à son épaissseur, mais une jambe étroite et serrée n'annonce jamais autant de force ou de puissance qu'il en est besoin à la région pour remplir efficacement son rôle.

F. Le jarret correspond au genou. Intermédiaire entre la jambe et le canon, il forme une articulation très-complexe ; il est le centre des mouvements de tous les rayons du membre postérieur, car sur lui s'appuient dans la station, ou réagissent pour la propulsion, et la colonne de support et les leviers locomoteurs.

Le jarret montre quatre faces, suivant qu'on examine l'animal de profil, par devant ou par derrière; mais on dénomme encore : 1° le *pli*, c'est-à-dire la courbure de la face antérieure ; 2° la *pointe*, ou le sommet, déterminé par l'os appelé *calcaneum*, lequel forme le talon chez l'homme ; 3° la *corde*, constituée par de gros tendons, et qui part de la pointe en s'élevant vers la jambe ; 4° le *vide* ou *creux*, sorte d'excavation située entre la corde et l'os de la jambe. Voilà bien des distinctions pour une région aussi bornée.

Aucune n'est inutile cependant. Leur multiplicité n'est qu'une preuve en faveur de l'importance de cette articulation.

Comme toutes les régions du corps, celle-ci a ses conditions de bonne structure et des degrés qui en marquent la valeur, depuis son état tout à fait défectueux jusqu'à sa perfection : *rara avis*. Cependant, le jarret est considéré comme beau quand il est sec ou bien évidé, lorsqu'il se montre physiologiquement aussi développé que possible, quand son aplomb est régulier, lorsqu'il est exempt de tares ou de maladies quelconques, lorsqu'enfin il est ferme dans l'action, ferme et non vacillant. La sécheresse naît de la netteté, de l'absence de tout empâtement, de la finesse plus ou moins grande de la peau, de la forme accentuée des diverses éminences osseuses, du détachement très-marqué de la corde, qui laisse le creux très-prononcé. Dans les conditions inverses, il serait *plein* ou *empâté*. On le veut *large* et sa largeur est mesurée du pli à la pointe. Quand elle est grande, cette dimension implique la saillie du calcanéum en arrière et conséquemment la puissance du levier qu'il constitue; on le veut épais aussi, et son épaisseur s'apprécie en considérant la région par sa face antérieure. On juge fort bien de la sorte de l'étendue des surfaces par lesquelles les os se rencontrent; la grande étendue, est-il nécessaire de le dire? annonce la force et ajoute par cela même à la beauté de la région, à sa bonne conformation.

La question des aplombs viendra un peu plus loin.

En somme, la beauté anatomique du jarret consiste dan une conformation régulière et dans une bonne direction des os, dans les rapports justes, immédiats et précis qui existent entre ceux-ci, dans le développement normal de leurs éminences qui doivent être nettement accusées sous la peau, dans l'état sain et la solidité des liens qui les assujettissent, dans la parfaite liberté des mouvements des pièces osseuses et des nombreuses cordes tendineuses qui glissent sur leurs diverses surfaces.

Ces conditions n'existeraient pas ou seraient plus ou moins atteintes par la présence des tares ou des maladies qui ont leur siége au jarret, tares et maladies dont le nombre, la gravité et la fréquence témoignent des rudes assauts auxquels le travail soumet à tout moment cette petite roue de la grande machine — le jarret; on l'a appelé aussi la cheville ouvrière, et tout nom lui conviendra qui fera ressortir son importance.

Toutefois, la fatigue qu'il éprouve en compromet souvent la netteté, en dépit des soins apportés par la nature à sa consolidation. Tout, en effet, a été disposé pour affermir cette charnière et lui donner la force qui lui est nécessaire pour résister à l'action vive et brusque, puissante ou soutenue des masses musculaires qui agissent sur elle, et pour la mettre à l'abri de maints accidents, de maintes violences.

L'anatomiste se plaît à faire ressortir le soin avec lequel la nature a tout disposé pour éviter que, dans le rude travail qui lui incombe, le jarret reçoive des chocs trop excessifs. Malgré cela pourtant, placé entre deux forces énormes, la masse du corps à projeter unie à l'action musculaire d'une part, et de l'autre la résistance incessante du sol, il est à chaque instant exposé à des accidents ou à des affections graves, si graves parfois que la liberté et l'étendue des mouvements en éprouvent une gêne considérable : alors c'est la valeur même de l'animal qui est atteinte.

Ces maladies, ces tares ont toutes un nom; les unes sont molles, les autres résultent du développement anormal de certaines parties des os qui entrent dans la constitution du jarret. Ces dernières se transmettent héréditairement des auteurs aux produits, soit directement, soit par suite de la conformation particulière qui prédispose la région à leur apparition ordinairement assez prochaine. On a appelé *courbe* la tumeur osseuse qui se montre à la face interne de l'extrémité inférieure du tibia ; l'*éparvin* a son siége à la partie interne et supérieure du canon ; la *jarde* ou *jardon* vient, à l'opposé, sur la face externe du même os, à la partie inférieure et postérieure du jarret. Les tumeurs molles sont les *vessigons*, qui occupent les faces latérales de la région ; le *capelet*, qui se produit à son sommet, et la *varice*, qui n'est autre qu'un vessigon articulaire antérieur.

A raison de la place qu'elles occupent, bien plus encore que de leur développement, ces diverses tares, il est bien aisé de le comprendre, occasionnent par la douleur des boiteries à peu près incurables, une gêne immense dans l'action, la diminution ou la perte des mouvements par l'ossification des ligaments articulaires et la soudure des os entre eux.

Une région aussi importante doit être bien conformée et non défectueuse, une partie sujette à tant de fatigues doit être saine et non malade. Il y a donc nécessité de l'examiner avec une grande attention dans le choix d'un reproducteur ou d'un cheval de service.

G. Les régions inférieures des membres. Ce n'est là qu'un titre d'ensemble, mais il est d'autant plus justifié qu'en général on désigne les quatre extrémités du cheval sous cette appellation générique — le *dessous*, par opposition à la ligne supérieure du tronc, *le dessus*.

Quoi qu'il en soit, nous aurons à établir ici plusieurs subdivisions rationnelles.

La solidité des attitudes, la sûreté de la marche, la durée prolongée des aptitudes locomotrices, sont dans la dépendance de la région du *canon* et de ce qu'on nomme le *tendon*, parties intermédiaires au genou ou au jarret et au boulet.

Les considérations qui se rattachent à l'examen de cette région intéressent sa direction, son volume et sa longueur. Nous réservons le premier point, mais nous devons parler tout de suite des autres conditions.

Vue de face ou par derrière, la région doit paraître un peu plus large ou renflée à ses extrémités ; mais examinée de profil, elle doit présenter la même largeur dans toute son étendue. Indice irrécusable de force et de résistance, cette largeur ne sera jamais trop considérable ; bien plus souvent ce sera le contraire, une trop réelle insuffisance, surtout dans le membre antérieur. On juge un peu du développement de la charpente osseuse, chez le cheval, par le plus ou moins d'ampleur du dessous. C'est l'expérience qui a donné ce *criterium*, et ceux-là ont raison qui recherchent, sur l'animal destiné à de pénibles travaux, une grande largeur des canons, ensemble os et tendons. Un cheval corpulent porté sur des canons *grêles* ne présente aucune garantie ni de solidité, ni de durée. La gracilité du tendon est un défaut capital, car elle coïncide toujours avec des os minces. De larges et vigoureux tendons ne peuvent s'appliquer qu'à de gros os.

Ajoutons ceci : plus la région est longue, plus elle a besoin d'être développée dans le sens de son épaisseur. Malheureusement, c'est presque toujours l'inverse qui a lieu. En effet, elle s'amincit généralement en raison même de son élongation. Courte, au contraire, on la voit d'ordinaire épaisse, dense et compacte. On dirait que la même quantité de matière est seulement employée dans les deux cas à la formation du rayon; étirée, elle offre moins de volume que lorsqu'elle n'a pas à suffire aux exigences d'une dimension disproportionnée.

En résumé, la largeur est la condition essentielle de la beauté de cette région, mais elle doit venir du volume des os et des tendons, non de l'épaisseur de la peau ou de l'abondance du tissu cellulaire abreuvé de lymphe. Il faut dès lors qu'elle coïncide avec la sécheresse des formes. Par contre le canon est défectueux quand il est étroit et grêle, quand ses tendons sont peu développés, peu détachés de l'os ou collés à celui-ci, ou *faillis*, suivant l'expression consacrée. On remarque parfois sur l'os de petites tumeurs osseuses, auxquelles il ne faut accorder d'importance qu'autant qu'elles sont placées de manière à gêner le libre glissement des tendons. A la partie inférieure, vers le boulet, il survient quelquefois des tumeurs molles, ce sont des *molettes;* d'autres fois le tendon présente un engorgement, une sorte de nœud sur un point quelconque de son étendue... ce sont autant de causes de dépréciation de la gravité desquelles il faut savoir juger, car celle-ci a des degrés.

Sous le canon vient le *boulet ;* c'est une articulation ayant à résister à de violents efforts; elle doit présenter un grand développement et une même solidité. Petite et mince, elle accuse de la faiblesse et succombe promptement à la fatigue; elle s'use prématurément, se déforme, sort de la ligne des aplombs et retire à l'animal, si brillant qu'il se montre par ailleurs, une grande partie de son prix. Est bien près de la non-valeur, en effet, le cheval qui ne doit pas supporter longtemps la somme de travail résultant de la nature même des services à laquelle il paraît propre. Les conditions de la beauté de cette région sont les mêmes que celles dont nous venons de parler en traitant du canon. Toutes les subdivisions inférieures des membres sont parfaitement solidaires les unes des autres. Inutile de nous attarder sur ce point.

Le principal défaut qui s'attache à cette région est sa déviation en avant. Alors l'animal est *droit sur ses boulets*, il est *bouleté :* imperfection grave, vice essentiel, qui influe sur la solidité du membre tout entier et déprécie considérablement la machine. Dans sa position régulière, le boulet n'attire guère l'attention : simple détail, il se confond avec l'ensemble dont rien ne le détache, et on n'en parle pas. Il en est autrement lorsqu'il rompt l'harmonie générale par sa forme défectueuse ou par sa direction vicieuse ; il prend alors une très-réelle importance ; il devient chose principale, exerçant une influence marquée, non-seulement sur les autres régions du membre, mais sur la qualité, sur le mérite de l'animal pris en masse. C'est que le cheval ainsi affligé bronche plus souvent qu'à son tour ; il fait souvent ce qu'on appelle un faux pas ; il est très-sujet à tomber, parce que le boulet n'offre plus au canon qu'une base incertaine.

Le paturon a pour base le premier phalangien et les tendons qui l'entourent ; posé obliquement, d'arrière en avant, entre le boulet et la couronne, il brise la ligne droite formée par l'avant-bras et le canon dans le membre antérieur, et par cette dernière région seulement, quand il s'agit du membre postérieur. Sa bonne ou mauvaise conformation résulte de ses dimensions et de sa direction. On veut que celle-ci forme avec la verticale un angle de 40 degrés au moins, ou de 45 au plus. Moins inclinée, la région ne l'est point assez et l'animal est dit *droit* sur ses membres. Mais d'autres dénominations découlent de la direction du rayon, dont la longueur et le volume restent avec elle dans une dépendance étroite. Ainsi le paturon court est généralement fort et droit, alors le cheval est *court-jointé*, mais solide dans cette partie du membre ; seulement les réactions y sont dures et l'extrémité devient plus sujette à se *bouleter*. Trop de longueur du paturon conduit à d'autres résultats ; elle permet une inclinaison trop grande et fait que le boulet se rapproche trop du sol. Dans ce cas, le cheval est *long-jointé*, la région est plus flexible, les réactions sont beaucoup plus douces. Quand on observe de la modération et dans l'inclinaison et dans la longueur, c'est à peu près la perfection, car alors le paturon se montre en même temps volumineux et fort ; il devient faible, au contraire, avec cette structure quand il est mince ou étroit. Il peut enfin être court et néanmoins se rapprocher beaucoup de la ligne horizontale. Cette conformation est ce qu'on appelle *bas-jointé*, et n'accuse qu'un degré de force assez limité.

On le voit, la direction et la longueur de la première phalange ont, au point de vue de la mécanique, dans la station et dans les mouvements de locomotion, une importance vraiment capitale. On le comprendra facilement, si l'on veut bien remarquer que l'articulation du boulet est le centre d'appui et de mouvement d'un levier dont la puissance est représentée par les tendons qui aboutissent aux grands sésamoïdes ou passent à leur surface, et qui ont pour bras de levier toute la droite menée de la coulisse sésamoïdienne au centre du pied : plus les phalanges sont inclinées en arrière, plus les puissances du levier ont à supporter du poids du corps ; un paturon droit et court rejette ce poids sur les phalanges.

Ce n'est point assez que la direction du paturon soit bonne, que ses heureuses proportions y ajoutent les conditions favorables qu'elles déterminent, il faut encore que la région soit exempte de tares et saine. Elle est souvent déshonorée, empêchée dans le rôle important qui lui est dévolu par l'existence d'exostoses, d'un volume variable, et très-gênantes pour le glissement des tendons, pour le jeu des ligaments articulaires. Il y a, dans ce fait, des causes nombreuses de boiteries à peu près incurables, dont le siége reste souvent obscur et dont la persistance ôte au cheval une très-notable partie de sa valeur intrinsèque. Le *pli* de cette région, c'est-à-dire sa face postérieure, qui devrait toujours être nette et parfaitement évidée, porte souvent au contraire des traces de blessures anciennes, qui ont épaissi et durci la peau ; il devient lui aussi le siége de maux divers, qui déprécient beaucoup l'animal.

Entre le paturon et le pied, il y a une région très-courte, celle qui *couronne* le bord supérieur de l'ongle et qui retient ce nom. Sa largeur et la parfaite intégrité de sa surface sont les conditions de sa beauté. Exposée à toutes sortes de violences, elle devient le siége de blessures et de tares particulières. La plus grave est une tumeur osseuse qui porte le nom de *forme*. C'est un motif pour y regarder.

Le *pied* est l'extrême région du membre. Par lui la masse du corps porte sur le sol dans la station debout et pendant la marche. Il est donc le soutien de l'animal ; s'il n'était pas solide, l'édifice croulerait bientôt : les lois physiques ne s'abrogent pas : *incerta basis, instabile ædificium.*

Le pied est en contact permanent avec des corps durs qu'il a mission de fouler et contre lesquels il ne peut éviter de se heurter fréquemment. Aussi la nature en a-t-elle protégé les parties internes, qui sont très-sensibles, en les recouvrant d'un tissu moins vivant et plus résistant. C'est ainsi qu'elle a enfermé le cerveau et la moelle, qu'elle a façonné la cage de la poitrine pour abriter des viscères délicats. C'est une boîte aussi qu'elle a placée à l'extrémité libre des membres, et dans laquelle sont arrangés, soigneusement enveloppés, tous les tissus qui auraient eu à souffrir d'un contact trop immédiat avec le sol et ses diverses aspérités.

Partout ailleurs, il a suffi de recouvrir l'os de tissus mous et de peau pour le protéger lui-même. Ici, l'enveloppe cutanée, pure et simple, n'eût point offert assez de résistance, il a fallu trouver autre chose. Cette autre chose est la corne du sabot. Mais la boîte cornée elle-même devait être, quant à sa forme et quant à ses usages, diversement composée et contournée, si bien qu'elle présente, à vrai dire, trois modifications essentielles, très-caractérisées et très-distinctes dans la *paroi* qui forme le pourtour du sabot, toute sa partie visible lorsque le pied est à l'appui; dans la *sole* qui constitue à la surface plantaire du pied une plaque façonnée en voûte et fermant la boîte en dessous; dans la *fourchette* enfin, espèce de coin formant un relief pyramidal, à la face plantaire, entre ce qu'on appelle les arcs-boutants, les barres et les branches de la sole. N'allons pas plus loin, car nous serions bien vite entraîné au delà de notre cadre.

Revenons sur nos pas et déterminons en quelques mots les caractères du pied normal, du pied bien constitué. La surface extérieure devra être lisse, comme vernissée; la surface inférieure, concave, ne reposera sur le sol que par sa circonférence. La fourchette sera bien dessinée; les talons seront arrondis et ouverts; la corne grise ou noire, résistante et élastique, assez épaisse pour servir de plastron protecteur aux tissus qu'elle revêt. La paroi sera inclinée à 45° environ avec le sol et, dans son ensemble, la région sera, quant à son volume, proportionnée à la masse qu'elle supporte.

Les défectuosités, les maladies particulières à chacune

des parties du corps, se multiplient à raison même de leur importance, du rôle plus ou moins pénible qui leur incombe dans le fonctionnement général. A ce titre, le pied est richement pourvu; les maux, les infirmités ne lui sont pas épargnés. Ils dépendent de son volume, des dimensions relatives des parties constituantes, de sa forme, des qualités de sa substance et de sa direction. De là, de nombreuses qualifications. Ainsi l'on nomme : le pied *grand*, caractérisé par un volume trop considérable relativement à celui du corps, il alourdit la marche; le pied *petit*, défaut inverse qui prédispose aux boiteries en raison de l'étroitesse de la boîte cornée; le pied *étroit*, à *talons serrés*, *encastelés*, dans lequel on trouve le diamètre transversal du sabot plus petit que le diamètre antéro-postérieur; il en résulte la compression des parties vives, c'est-à-dire de la douleur, une marche pénible, de la fatigue et de la boiterie, une boiterie souvent incurable; le pied à *talons bas*, exposé aux bleimes par les pressions plus fortes accumulées sur les parties postérieures; le pied *plat*, dont la surface plantaire, trop plane, est très-sujette aux foulures; le pied *comble*, défectuosité grave résultant d'une saillie anormale de la sole qui gêne extrêmement les allures et nuit proportionnellement à l'utilisation de l'animal; le pied *cerclé*, dont la surface externe de la paroi présente, échelonnés, des sillons et des saillies circulaires nés des souffrances intermittentes qui ont atteint la matrice même de l'ongle; le pied *massif*, dont la corne, trop épaisse, est exposée à la fois à se fendre et à se resserrer, d'où des compressions douloureuses; le pied *maigre*, dont la corne, trop mince, se sèche, éclate et se fend facilement; le pied *dérobé*, dont le bord plantaire apparaît très-irrégulier à raison des pertes, des éclats qu'il a subis et dont la ferrure est difficile; le pied *mou* ou *gras*, dont la corne manque de ténacité et ne présente pas assez de résistance à l'attache du fer; le pied *cagneux*, *panard* et *de travers*, qui trahit des défauts d'aplomb; le pied *bot*, qui est une grave difformité; le pied *pinçard* ou *rampin*, dont les talons ne touchent pas le sol.

Nous en passons peut-être; mais ce qui importe le plus dans une étude de ce genre, c'est la détermination exacte des caractères du pied bien conformé. Or, nous avons commencé par là.

C'est d'ailleurs ce à quoi nous nous sommes attaché dans toutes les pages qui précèdent, et, en ce qui touche plus spécialement les membres, nous pouvons espérer que, oubliant ce mot : « Ce n'est pas avec les jambes que le cheval marche, » le lecteur se sera convaincu au moins qu'elles ont l'utilité effective de colonnes de soutien. La solidité de l'édifice est dans leur ampleur et dans leur construction. Il n'y a pas de travail sérieux à imposer au cheval qui ne tiendrait pas sur ses membres. Une cinquième roue n'a jamais été nécessaire à un carrosse, mais quatre roues, bien conditionnées, ont toujours été considérées comme absolument indispensables à sa destination. Sont très-certainement fort habiles ceux qui parviennent à remonter leurs écuries à bas prix en cherchant, parmi les mal bâtis, les défectueux et les tarés, que la majorité repousse, les chevaux capables de rendre encore quelques services. Ils dépensent peu à la fois et satisfont leur goût de brocanteurs. Ils rencontrent, par-ci, par-là, des non-valeurs commerciales qui remplacent plus ou moins avantageusement des animaux d'un prix élevé; elles leur font moins d'honneur, mais elles portent parfois un certain profit. Alors on se félicite volontiers de la bonne aubaine; on dit tout haut, trop haut, ses succès; on tait soigneusement ses mécomptes. Ni les uns ni les autres ne constituent un bagage très-enviable..... Nous n'écrivons pas pour, mais contre les actes ou le savoir-faire du maquignonnage.

III. — LES APLOMBS.

En thèse générale, le mot *aplomb* indique la direction que suivent, dans leur chute à la surface de la terre, les corps sollicités par la gravitation. Dans l'étude que nous faisons, on l'applique à la disposition d'ensemble des membres considérés comme colonnes de soutien et comme agents de la locomotion.

La direction que les membres affectent sous le corps n'est pas une, mais diverse : elle n'est pas toujours également favorable à la station et au mouvement; dès lors elle est exacte ou défectueuse, et les aplombs sont beaux et réguliers, ou mauvais et vicieux. Le sens physique du mot s'est donc étendu à toutes les dispositions que la conformation individuelle, congéniale ou acquise impose aux quatre membres. Malgré cela, le point de départ de l'étude est toujours la perfection, d'où il suit que la première chose est de préciser les règles d'après lesquelles on détermine les aplombs réguliers, à ce double point de vue : solidité de la machine qui représente l'animal en station, et parfaite exécution de ses mouvements. Tout ce qui s'écarte de ces conditions devient plus ou moins défectueux.

Pour juger des aplombs d'un cheval, on doit le faire *placer*, c'est-à-dire maintenir en repos, les quatre pieds formant les quatre coins d'un rectangle, qui représente la base de sustentation. Dans cette position, le poids du corps est également réparti sur chaque bipède latéral ; mais les membres antérieurs, que nous savons être plus particulièrement préposés au soutien, sont un peu plus chargés que les autres. L'équilibre est stable ou parfait, quand le poids total de la masse est ainsi distribué ; et chaque membre, placé comme nous l'avons dit, se trouvant au milieu du cercle de tous les mouvements qu'il peut accomplir, se déplace aisément en tous sens, sans perte de temps et sans travail inutile.

Les aplombs doivent être examinés de profil et de face, dans chaque bipède antérieur et postérieur.

A. Les aplombs du membre antérieur. Celui-ci est d'aplomb : 1° lorsqu'une ligne verticale, abaissée de la pointe de l'épaule jusqu'au sol, rencontre ce dernier un peu en avant de l'extrémité antérieure du sabot (la pince) ; 2° lorsqu'une autre verticale, abaissée du milieu de la face latérale de l'avant-bras, partage également le genou, le canon, le boulet et vient gagner le sol à une certaine distance des talons ; 3° enfin lorsqu'une verticale, abaissée de la partie la plus étroite de l'avant-bras, vu de face, partage inférieurement tout le membre en deux parties égales.

B. Les aplombs du membre postérieur. Ils sont réguliers : 1° lorsqu'une verticale, descendant de la pointe de la fesse, rencontre la pointe du jarret et longe la face postérieure du tendon avant d'arriver à terre ; et 2° lorsqu'une verticale, abaissée du milieu de la pointe du jarret, vu par derrière, partage également en deux moitiés latérales tout le reste du membre.

C. Les défectuosités d'aplomb. Les règles ainsi posées, il nous reste à en dire les écarts, ou plutôt à signaler leurs inconvénients.

Le bipède antérieur est trop chargé chez le cheval qui est *sous lui du devant*, il lève peu le pied antérieur, *rase le tapis* et butte souvent. Il ne convient point au service de la selle ; l'emploi au trait lui est moins nuisible ou plus facile, surtout à une allure lente.

L'avant-main est déchargée, quand le cheval est *sous lui du derrière*, mais au détriment du bipède postérieur, dont le travail et par suite la fatigue augmentent. Ce surcroît d'action forcée lui enlève une partie de sa puissance, et ce fait se traduit par un ralentissement et un raccourcissement dans les allures.

La défectuosité opposée porte les membres dans une direction tout autre et produit des effets différents. Le cheval qui *se campe*, allége le bipède qu'il éloigne de la ligne d'aplomb et du centre de gravité ; il ne l'allége, d'ailleurs, que parce qu'il en souffre. Cette position détermine encore le raccourcissement des allures. Le cheval qui est *sous lui*, soulage les parties postérieures du pied, en portant le poids du corps sur les parties antérieures de la région, sur la pince ; c'est l'opposé qui a lieu chez le cheval *campé*.

La rectitude du membre, si favorable au soutien du corps, est également rompue chez le cheval *arqué* et chez celui qui présente la déviation opposée, appelée *genou creux*.

Quand la première imperfection existe de naissance, on dit le cheval *brassicourt*, on le qualifie de l'autre nom quand le vice d'aplomb est dû à l'excès de travail. La distinction est un peu subtile ; il n'y a pas loin de l'une à l'autre défectuosité, qui amène promptement des altérations correspondantes dans les rayons inférieurs du membre. Ce point est donc celui qu'il faut vérifier tout d'abord pour juger du degré de solidité qui reste à l'animal.

Le genou creux est essentiellement défectueux, il tient à une mauvaise condition de l'articulation et ne promet que de pauvres services.

Les chevaux bas-jointés et long-jointés ont beaucoup de

souplesse dans les mouvements, mais ils résistent peu à la fatigue; les parties tendineuses qui enveloppent l'articulation du boulet, très-surchargées, s'altèrent promptement; de là des désordres profonds qui mettent bientôt l'animal hors de cause.

Les chevaux droit-jointés sont nécessairement court-jointés. Ici, la plus forte part du poids de la masse se fait sentir sur les rayons osseux. Les réactions sont dures, les allures sans élasticité et sans élégance; l'usure est rapide. La violence des chocs éprouve fortement les pieds, qui deviennent bientôt douloureux. La bouleture est assez ordinairement prochaine et s'accompagne de la déviation qui fait dire le membre arqué.

Le pied *panard* et le pied *cagneux*, tous deux déviés, celui-ci en dedans, celui-là en dehors, n'appuyant pas sur le sol par toute leur surface plantaire, fatiguent plus sur le côté le plus faible; c'est le quartier interne pour le membre affecté de panardise, et le quartier externe pour celui qui est cagneux. Cette inégalité de répartition, sur le pied, de la masse à supporter, nuit certainement à l'action du membre et tiraille avec force les articulations d'un côté seulement. Le cheval panard billarde; il est raccourci dans ses allures, sujet à se blesser, car souvent le pied d'un membre atteint le membre opposé. Le cheval cagneux ne marche ni plus régulièrement ni plus vivement, et il est exposé aux mêmes accidents.

Le genou qui, s'écartant de la ligne d'aplomb, se trouve porté en dedans, prend le nom de *genou de bœuf*, et détermine encore une inégale répartition du poids du corps sur les différentes parties de l'articulation; la direction des forces est décomposée et les allures en sont viciées. Il faut dire, cependant, que cette conformation n'empêche pas de tirer d'assez bons services du cheval qui la porte, quand on emploie celui-ci exclusivement au pas et surtout comme limonier.

Chez les chevaux trop serrés, soit du devant, soit du derrière, la base de sustentation est rétrécie et, dans l'action, les membres sont atteints plus ou moins profondément, assez gravement quelquefois pour que de ces misères naisse la boiterie.

Les chevaux trop larges ont les allures plus ou moins alourdies.

La perfection des aplombs est chose rare; leurs imperfections ont des degrés : celles-là seulement qui sont le plus prononcées déprécient fortement l'animal en lui ôtant de la grâce, de la régularité de ses mouvements, en raccourcissant ses allures et en lui imposant un travail plus pénible pour un effet utile moins complet ou moins durable.

IV. — LES ALLURES.

Tous ces détails de construction, toutes ces merveilles de l'organisation animale aboutissent à un résultat, le mouvement.

Le cheval est un moteur.

Ceci a été notre premier mot : tout ce qui est venu à la suite a eu pour objet de faire connaître la disposition la plus favorable à cette condition essentielle, le mouvement.

La forme propre à la station, à la fixité permanente, c'est la pyramide. Comme tout être mobilisable, le cheval revêt une forme très-différente, celle d'un cylindre porté par quatre cônes renversés, parce que la masse la plus mobilisable est celle qui s'appuie sur le moins grand nombre de points.

Disons donc quelque chose des divers modes de locomotion propres au cheval, de ce qu'on nomme *les allures*.

L'origine du mouvement est dans l'arrière-main, construit en véritable ressort; l'avant-main n'est qu'un appui, un soutien, destiné à réunir ces deux grands ensembles; la pièce du milieu, le corps, transmet l'impulsion donnée par l'arrière à l'avant. Enfin, ce que nous avons appelé le bout de devant, soit la tête et l'encolure, forme un levier dont l'effet est de faciliter le déplacement par les modifications utiles qu'il imprime à l'équilibre général.

La progression s'effectue à la faveur des mouvements articulaires qui se combinent et s'exécutent avec un art digne d'attention; car en laissant admirer le mécanisme des rouages qui font mouvoir la machine, il met à même d'en apprécier les qualités fondamentales et l'utilité pratique. Le fait ressortira mieux si nous opposons l'une à l'autre chaque articulation correspondante dans les membres antérieurs et postérieurs. Bien que leurs actions soient contraires ou inverses, elles tendent néanmoins au même but, le transport de l'animal, y compris ce qu'il est appelé à porter ou à traîner.

Ainsi, tandis que les épaules exécutent un mouvement oscillatoire ou de pendule sur les côtés de la poitrine, mouvement qui leur permet de recevoir ou de repousser la masse dardée sur elles, les hanches agissent comme levier puissant qui soulève l'arrière-main et la lance sur les parties antérieures. L'impulsion est violente; elle ébranlerait ses diverses régions de l'avant-main et en provoquerait promptement la ruine si le mode d'union des épaules au tronc n'avait été combiné de façon à tempérer, à amortir la force des réactions. La même disposition eût été essentiellement vicieuse dans les parties correspondantes de l'arrière; aussi la croupe est-elle directement soulevée par les jambes, et la masse du corps, qui doit être projetée en avant, se trouve de la sorte lancée avec plus d'énergie.

Le compas du grasset, formé par la cuisse et par l'os de la jambe, qui se plie sous le fémur, se ferme en avant, tandis que le bras et l'avant-bras, dont l'angle est ouvert en avant, ferme le compas du coude en arrière.

Ainsi, les membres antérieurs et postérieurs, que la nature a fait contraster pour rendre la locomotion possible et facile, offrent des angles rentrants et saillants, directement opposés les uns aux autres pour que leur action réciproque, parfaitement balancée et concourant au même résultat, effectue librement la progression.

Tous les ressorts se tendent de l'avant à l'arrière, pour que leur détente en sens inverse porte la machine en avant : admirable mécanisme où tous les rouages sont si bien disposés que la puissance à laquelle obéit chaque articulation, a d'autant plus d'intensité qu'elle est chargée d'opérer une plus grande somme de mouvement.

Mais revenons à la pratique pure.

A. Le pas. Le cheval qui marche bien à cette allure, de toutes la plus lente, se montre d'abord régulier dans ses aplombs ; il est aisé dans toutes ses parties. Il porte la tête légèrement, sans aucune contrainte, pour la maintenir à un degré d'élévation moyen. L'action des membres est si juste que chaque extrémité fait entendre sa battue très-distinctement, et qu'en prêtant l'oreille, on compte très-facilement une-deux-trois-quatre, une-deux-trois-quatre, avec une précision harmonique qu'on apprécie fort en devenant homme de cheval. En même temps, le pied postérieur vient, au moment même qu'il l'abandonne, couvrir la place occupée par le pied antérieur correspondant, sans qu'il y ait jamais de rencontre, parce que le lever de l'un précède toujours et dans une juste mesure le poser de l'autre.

Le port des membres en avant, s'opère dans un champ rectiligne, de telle sorte que le membre postérieur couvre l'antérieur et réciproquement sans déviation, en dehors ou en dedans, comme sans exagération dans la flexion des divers rayons, les uns sur les autres. L'appui de chaque pied sur le sol a lieu avec franchise par toute l'étendue de la face plantaire, au point même où le poser s'est fait, et le boulet alors se porte en arrière avec une certaine souplesse qui témoigne en faveur de la liberté du jeu de cette articulation, spécialement préposée à l'amortissement du choc, surtout dans le membre postérieur.

Tout ce qui sort de ces caractères éloigne l'allure de la régularité absolue. Mais, comme toutes les perfections, celle-ci est rare ; mille causes diverses peuvent lui enlever, à un degré variable, quelque chose de son type, sans que l'animal cesse pour cela d'être bien conformé. Et, par exemple, s'il gravit une montée ou s'il traîne une lourde charge, le lever des extrémités est nécessairement retardé, et l'intervalle qui sépare les battues cesse d'être égal.

B. Le trot. — Par son étymologie, ce mot signifie : *aller vite*. C'est donc une allure rapide. Pour l'oreille, la percussion des pieds sur le sol ne marque que cette mesure : une, deux, une, deux. C'est une façon d'aller, à deux temps, dans laquelle les extrémités se suivent en diagonale avec un ensemble parfait.

Chez le cheval qui trotte régulièrement, les extensions et les flexions sont vivement répétées, et, à chaque pas complet, le corps se trouve, pour un instant, détaché du sol, comme suspendu en l'air.

L'allure du trot est si usuelle aujourd'hui qu'elle est en

quelque sorte le propre de tous les services qu'on exige du cheval à notre époque. Il en résulte que son degré de perfection donne un peu la mesure d'utilité de l'animal et que celui-ci vaut, à la vente, en raison des qualités que son essai au trot promet à l'acheteur.

Dans son ensemble, le bon trotteur est ample et compacte. Sa poitrine est large, haute et profonde ; il a le corps plein ; il n'est ni levretté, ni ventru ; les régions du dos et du rein sont droites, rigides dans leur ligne, larges et bien musclées ; elles ne pèchent ni par trop de longueur, ce qui implique souvent la faiblesse, ni par trop de brièveté, ce qui nuit un peu à l'extension du mouvement : la croupe est puissante, droite et charnue ; les hanches sont longues et larges ; l'épaule, longue et inclinée, répond aux grandes proportions de la poitrine, elle est libre et étendue dans son jeu ; les jarrets sont larges, exempts de tares osseuses et bien évidés, souples et forts. Les autres régions sont moins importantes ; mais il est rare qu'elles laissent beaucoup à désirer, quand celles-ci se rapprochent de la perfection. Nous accorderons toutefois une mention particulière au pied, lequel fatigue beaucoup à l'allure du trot et ne résiste au travail qu'elle lui impose, que lorsqu'il est dans les meilleures conditions de structure et d'ailleurs protégé par des soins toujours renouvelés. *Pas de pied, pas de cheval*, est un dicton hippique d'une grande vérité pratique. Il n'y a pas de bon cheval avec de mauvais pieds.

Le cheval qui trotte bellement, qui, *attaquant franchement la note*, s'en va hardiment en s'abaissant sous le harnais, en se faisant petit pour travailler terre à terre, et qui cherche avec autant d'élégance que d'énergie le terrain de l'épaule, ce cheval est vraiment beau, et forcément on l'admire, car c'est une image de la force et de la puissance.

« Ce qui caractérise essentiellement le bon et rapide trotteur en action, a écrit M. H. Bouley, c'est la manière dont il déploie ses membres dans les limites les plus étendues possibles, alternativement en avant et en arrière de leurs lignes d'aplomb, sans les enlever à une très-grande hauteur et sans raser de trop près le terrain ; et cela dans une si juste mesure que, malgré la rapidité extrême avec laquelle ils se succèdent et se poursuivent, pour ainsi dire, jamais ils ne s'atteignent, ni se heurtent. Résultat remarquable qui ne peut être produit qu'autant que la disposition régulière des surfaces articulaires assure la flexion et l'extension des jointures dans le sens exact de l'axe du membre ; que la fermeté des muscles s'oppose à toute oscillation de ces membres, en dehors ou en dedans du champ rectiligne dans lequel ils doivent se mouvoir ; qu'enfin l'exacte proportion entre toutes les parties de la machine et l'équilibre des forces qui les animent, font qu'elles se correspondent avec autant de justesse dans le mouvement que pendant le repos. »

Mais tout ceci est encore la perfection, quelque chose à quoi l'on peut viser pour s'en approcher le plus possible, bien plus encore que pour la posséder.

Quelles sont donc les défectuosités de cette allure? Nous aurions pu les étudier à l'occasion de celle du pas ; nous ne les avons réservées que parce qu'elles sont rendues plus saillantes par l'étendue et la rapidité de l'action.

Chez quelques animaux, les pieds postérieurs viennent à l'appui avant le lever des antérieurs et les heurtent plus ou moins fortement. Il en résulte une percussion des fers, et l'on dit que le cheval *forge*.

Par suite de certaine déviation des genoux, il arrive que les rayons inférieurs des membres, au lieu d'être fléchis parallèlement à l'axe de l'avant-bras, sont déjetés plus ou moins fortement en dehors. On dit alors que le cheval *billarde*. Il y a perte de force et de vitesse, par conséquent plus de fatigue pour un moindre espace parcouru dans un temps donné. Nous avons déjà dit que la disposition inverse des surfaces articulaires détermine une sorte d'entrecroisement des rayons inférieurs, qui expose l'animal à s'atteindre, à faire des chutes.

Les chevaux dont l'épaule est courte ont les allures peu étendues, raccourcies. Cette conformation force le cheval à se bercer du devant et même à trottiner pour suivre ceux qu'il est obligé d'accompagner.

Quand les rayons supérieurs des membres ont peu de longueur et quand les rayons inférieurs en ont trop, les chevaux marchent en levant trop haut les membres. Il en résulte un grand travail, des actions excessives, mais l'effet utile n'est pas en raison directe des fatigues supportées. On dit alors que le cheval *retrousse*, qu'il *bataille*.

Celui qui progresse d'une manière inverse par suite de beaucoup de longueur dans les parties supérieures des membres et d'une brièveté notable dans les rayons placés sous le genou, *rase le tapis*. Il prend beaucoup de terrain, il fait de longues enjambées; mais s'il se néglige ou dès qu'il se fatigue, il est exposé à butter et à *se mettre à genoux*; il bronche bien plus fréquemment qu'un autre, alors même qu'il est réputé bon et vaillant. Toutefois, cette conformation est recherchée parce qu'elle est riche de promesses et, mieux que cela, de véritable utilité.

Le membre antérieur manque de solidité lorsque le pied, en arrivant à l'appui, se pose trop fortement sur la pince. Le pas alors est court, et l'allure ne peut être ni vive, ni rapide. Quand, au contraire, l'appui se fait avec exagération sur les talons, il y a souffrance dans les parties internes du pied et altération immédiate de son enveloppe, du sabot.

Le *petit pas* est une allure défectueuse qu'il ne faut pas songer à corriger, si la conformation des membres ne permet que des mouvements peu étendus ; il est l'opposé du *pas allongé* qui est facile aux animaux qui ont de grandes lignes, les épaules longues, les hanches longues, etc.

Le *pas ordinaire* est l'allure la plus naturelle au gros cheval, qui la soutient sans trop de fatigue.

Le *pas accéléré* dépasse en général les forces que nécessite la marche, et fatigue beaucoup si on exige qu'il soit durable,

Le *pas pressé* est celui des animaux trop ardents ; il use vite, il use prématurément.

L'espace parcouru pendant un pas complet, au trot, est nécessairement très-variable. Il peut être le double de ce qu'il est dans le pas ordinaire (de 85 à 90 centimètres) et mesurer jusqu'à $2^{m}90$; nous ne parlons pas des vitesses exceptionnelles qui portent l'espace parcouru à $3^{m}30$, près de trois longueurs de la base de sustentation.

Poussé outre mesure, le trot perd presque toujours sa régularité et le cheval se détraque. Alors, au lieu du *tra-tra* du trot régulier, l'oreille entend le *tara-tara* du trot détraqué.

Les trotteurs se détraquent ou se décousent, ou se désunissent, quand on leur inflige une trop grande rapidité et aussi quand l'abus les a conduits à l'usure.

L'*amble* est une manière de trot dans lequel la succession des actions des membres s'opère latéralement au lieu de s'effectuer en diagonale. Cette allure devient de jour en jour moins usuelle dans l'emploi du cheval.

Le *traquenard* est une sorte de pas très-accéléré et tenant un peu de l'amble; mais il est très-régulier. On l'appelle aussi amble rompu. Ce peut être une seconde défectuosité, entée sur une première, comme elle peut être contractée de prime-saut. On l'observe sur des animaux surmenés et très-voisins de la ruine complète.

C. Le galop. — C'est l'allure la plus rapide du cheval. Elle consiste dans une sorte de saut ou d'élancement en avant, lequel s'exécute avec beaucoup de puissance et de précipitation. La détente des membres se produit par paires antérieures et postérieures. Le corps est transporté avec une vitesse qui varie pourtant suivant que le galop est *raccourci*, *allongé*, *à toutes jambes*.

Dans les mouvements rapides de cette allure, tous les ressorts de la machine animale sont tendus au plus haut degré ; si aucun ne se rompt sous les vibrations répétées qu'il éprouve, c'est qu'ils jouissent tous de la plus grande solidité, d'une grande force vitale, et que la perfection de leur jeu permet cette motilité extraordinaire, bien faite pour briser des organes moins robustes.

Tous les animaux ne seraient donc pas impunément soumis aux exigences, à la violence du galop. Un petit nombre seulement peut braver à tout propos les causes de destruction qui, dans cette façon d'aller, les étreignent. Quelques races de chevaux privilégiées, dans l'espèce, sont seules aptes à l'exécution de ces mouvements précipités, impétueux, dans lesquels les forces vitales et organiques offrent un développement peu ordinaire, conséquence heureuse d'une organisation d'élite.

Les degrés de rapidité de cette allure en ont fait distinguer plusieurs variétés, le *galop ordinaire*, le *galop de manège* et le *galop de course*. Le premier est le plus usuel, c'est d'ailleurs le seul qui se trouve dans des conditions de structure moins exagérées, dans la conformation moyenne, mais riche et puissante du modèle de cheval que toutes les imaginations rêvent et caressent, et dont le type est offert par le cheval de chasse anglais d'une autre époque, car on ne le rencontre plus guère aujourd'hui que très-exceptionnellement.

Au surplus, la vitesse du galop étudié dans chacune de ses variétés est loin d'être uniforme; elle dépend beaucoup de la taille, de la puissance propre à chaque individu, de l'état du terrain, etc. Elle peut même être moindre qu'à une autre allure, qu'au trot allongé, par exemple.

Le galop ruine promptement les chevaux ardents qu'on ne sait pas ménager; c'est un exercice extrême dont on peut user, mais dont on n'abuserait pas longtemps sans impunité. Il fatigue et use d'autant plus encore qu'il s'exécute moins régulièrement, qu'il est *faux* ou *désuni*. C'est au cavalier à s'opposer à une défectuosité qui ne se remarque pas quand il oblige le cheval à entamer et à mener convenablement l'allure.

L'*aubin* est une autre façon d'aller essentiellement défectueuse, qui se place entre le trot et le galop, en leur empruntant à l'un et à l'autre la moitié de leur action. Le cheval qui *aubine* tantôt galope du devant tandis qu'il trotte du derrière, et tantôt procède à l'inverse, trottant du devant et galopant du derrière. L'aubin est un signe certain que les forces musculaires ne répondent plus à l'incitation de la volonté. C'est l'allure habituelle des chevaux usés à des services rapides dont les exigences étaient supérieures à leurs moyens.

D. Les boiteries. — Toute irrégularité dans la marche prend le nom de boiterie.

L'animal qui boite témoigne de la douleur ressentie dans l'action, dans le mouvement : la boiterie résulte de l'impuissance où il est de marcher droit, c'est-à-dire d'exécuter *également* les divers actes de la locomotion; elle n'est qu'une manifestation d'un mal dont le siége, la nature, la gravité restent à rechercher, à reconnaître.

La part que chaque membre prend à la progression, aux allures qui la déterminent, se décompose en quatre temps distincts : 1° le lever, 2° le soutien, 3° le poser, 4° l'appui.

Ces quatre temps sont égaux dans le cheval qui a toute sa liberté d'action ; ils sont inégaux chez le cheval boiteux pour celui ou ceux des membres dont il boite. En effet, le membre empêché par la douleur fait son lever le plus vite, son soutien le plus prolongé, son poser le plus tardif et son appui le plus court possible. Par contre, le membre opposé fait son appui le plus long et les autres temps aussi rapides que possible, afin de venir au secours de son congénère.

Voilà la boiterie. Quand elle est fortement prononcée, rien n'est plus aisé que de reconnaître celui des quatre membres dont l'action est irrégulière ; quand elle est peu accusée, la constatation offre parfois de réelles difficultés.

Mais pour celui qui achète, le fait reconnu suffit. Il se trouve, en effet, assez averti quand il a constaté l'existence d'une boiterie quelconque; la nature et le siége du mal sont choses toutes différentes et pour lesquelles il pourra toujours recourir aux lumières et à l'expérience d'un autre, si son propre savoir lui fait défaut.

Le cheval qu'on soupçonnerait seulement d'être boiteux devrait être trotté, en ligne droite, sur un terrain solide, pavé autant que possible, en ayant soin qu'on lui laisse assez de longe pour que la tête demeure libre de toute contrainte. Si ce premier moyen ne donnait pas le résultat cherché, on ferait trotter en cercle sur l'un et sur l'autre côté. Il est bien rare que le membre souffrant ne se trahisse pas quand l'animal tourne.

L'examen du cheval soupçonné de boiterie ne doit pourtant pas s'arrêter à l'action des membres; l'œil doit suivre les diverses oscillations du corps. Les mouvements alternatifs d'élévation et d'abaissement de la croupe, par exemple, décèlent très-exactement le degré d'inégalité des actions des membres antérieurs. Ainsi, elle s'abaisse d'une manière très-sensible lorsque le membre sain vient à l'appui; elle se relève au contraire lorsque c'est au membre malade à exécuter son action : elle attire de la sorte sur le premier une partie du poids qui fatiguerait l'autre outre mesure. Ces mouvements se trouvent, quoique dans des limites plus restreintes, dans les boiteries du bipède postérieur : seulement ils se prononcent en sens inverse.

Les mouvements de la croupe répondent *au coup de tête* caractéristique des claudications, « en sorte que, dit M. H. Bouley, étant donnée une boiterie antérieure *droite*, on voit simultanément la tête et la croupe s'élever au moment du poser de la paire diagonale *droite;* et inversement dans le cas de boiterie postérieure *droite*, la tête s'abaisse avec la croupe à l'instant du poser de la paire diagonale *droite.* »

Ces diverses attitudes sont logiques; elles ont un but facile à saisir; soulager le membre qui souffre en rejetant sur le congénère, qui est sain, une partie du poids qui naturellement lui incombe.

CHAPITRE III

LES DIVISIONS DE L'ESPÈCE

En abordant l'étude de la conformation extérieure, nous disions : Qui veut acheter un cheval doit commencer par bien savoir ce qu'il veut. Avant de nous occuper du cheval en vente, établissons les caractères généraux propres à chacune des trois grandes divisions de l'espèce : races légères, races lourdes, races intermédiaires, lesquelles répondent aux différents services de la selle, du gros trait et du trait rapide, ou encore à l'une de ces deux classifications : les types supérieurs, les races de trait, les races moyennes; les chevaux de pur sang, les chevaux de sang, les chevaux communs.

L'utilité pratique, effective du cheval, est certainement le premier fondement de sa valeur. Cette dernière n'existe qu'à raison du degré d'appropriation de l'individu au service auquel on le destine, qu'à raison même de ses aptitudes particulières. Toute perfection cesse là où n'est plus l'utilité.

En effet, un cheval léger, de petite stature et grêle de membres, d'une nature ardente et d'un tempérament irritable, si bien doué qu'on le suppose comme cheval de selle, serait incontestablement une mauvaise bête, un moteur insuffisant, pour le tirage lent et pénible; un beau carrossier, appliqué au service du gros trait, s'y comporterait mieux que le cheval léger, mais ni l'un ni l'autre ne rempliraient à la satisfaction du maître la tâche qui ne saurait être bien accomplie que par le limonier ou le gros cheval. En les détournant ainsi de leur voie, on les priverait de tous leurs avantages ; leurs plus grandes qualités se changeraient en autant de défauts et constitueraient de réels inconvénients. Il en serait de même du cheval de gros trait auquel on imposerait le labeur facile au cheval de selle ou au cheval de trait rapide : ce serait, comme dans les autres cas, une valeur détournée.

Pourtant ces divisions n'ont rien d'absolu aujourd'hui qu'on applique un peu tous les chevaux à tous les services. Autrefois on n'eût point attelé le cheval de selle ; le cheval de carrosse n'eût jamais pris la place de celui-ci ; le cheval de trait n'eût pas été appliqué à une autre destination. Chacun de ces emplois hiérarchisait en quelque sorte l'espèce : c'étaient la noblesse, le tiers-état, le peuple. Au temps où nous sommes il n'en est plus de même. Si toute distinction ne s'est point effacée quant à la forme, on confond singulièrement les aptitudes. On ne sait plus trop où prendre le cheval de selle proprement dit, quand on examine la monture du carabinier, du gendarme, du hussard ou du sportsman en promenade ou à la chasse. On voit des femmes en selle sur de vrais carrossiers, et des poneys, les nains de l'espèce, tirant légèrement leurs voitures. On attelle indifféremment, presque sans choix, le cheval le plus massif et le plus svelte en vue du tirage rapide, et l'on soumet de même au gros trait des moteurs de tout acabit. Cette confusion dans les emplois en jette nécessairement dans la classification, qui devient, à cause de cela, de pure convention. Heureusement que, dans ce cas tout spécial, nous n'avons que faire d'une plus grande précision.

I. — LES RACES LÉGÈRES.

Les races légères sont les plus anciennes. De près ou de loin, elles sont toutes sorties du cheval d'Orient, dont le pur sang arabe a toujours été l'expression la plus haute, le type le plus recherché, jusque dans ces derniers temps où le cheval de pur sang anglais, son dérivé, lui a été souvent préféré. Nous laisserons en dehors ces deux familles qui ne donnent guère que par exception des chevaux aux services usuels, et nous dirons les caractères communs, généraux, qui relient entre elles les nombreuses variétés de ce qu'on appelait naguère encore l'espèce légère, par opposition à la grosse espèce, aux chevaux de gros trait.

Et d'abord la physionomie, plus ou moins orientale, offre chez toutes le même cachet qui s'impose au reste de l'économie et semble commander tout à la fois à la forme générale et aux aptitudes. On trouve quelquefois un peu de taille, rarement de l'ampleur, mais de la distinction, ce qu'on appelait de la finesse, ce qu'on nomme plus communément à présent du sang. La construction est légère ; la fibre musculaire est dense ; l'os est d'un grain serré et compacte ; l'ensemble a plus de sécheresse que de régularité ; le tempérament nerveux domine. Donc le squelette est mince, les muscles se développent peu, les formes sont étroites et anguleuses. Le caractère est doux mais très-impressionnable ; il y a plus d'ardeur que de fond, plus de lame que de fourreau, et celle-là a bientôt usé le dernier. Sous le rapport de la nourriture, il y a sans doute peu d'exigence, mais le développement corporel ne dépasse pas les limites imposées par la sobriété, qualité plus appréciée autrefois qu'aujourd'hui où l'on demande plus aux moteurs vivants qu'on n'en exigeait autrefois.

Quand la taille est petite cependant on trouve encore une certaine harmonie entre toutes les formes et une certaine

Grav. 16. — Type du cheval léger bien conformé.

force de concentration dans toute la machine (*grav.* 16);

mais quand la taille s'élève, les animaux se montrent *décousus*, hauts et plats : on les stigmatise en les qualifiant

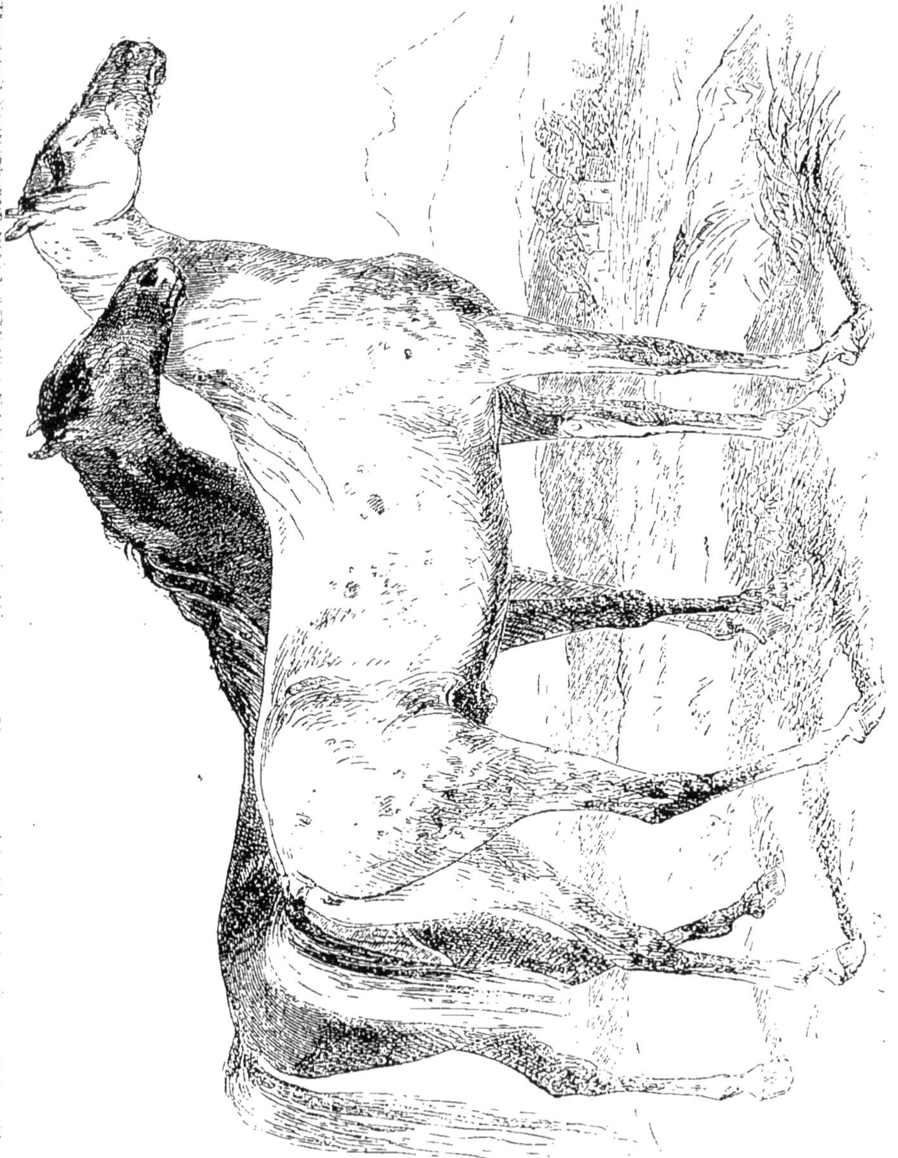

Grav. 17. — Type du cheval léger, insuffisant ou trop grêle.

de *ficelles* (*grav.* 17). Alors les membres sont étirés et faibles ; la poitrine s'est aplatie, elle est étroite et serrée ; les cuisses sont grêles et décharnées; les hanches se montrent par trop accentuées sous l'appauvrissement de la croupe, qui est courte et avalée, et qui donne à tout l'arrière-main un aspect de maigreur et de faiblesse trop réelle; les jarrets sont étranglés, droits ou coudés à l'excès, osseux, mais mal disposés, peu résistants, souvent défectueux ou ne promettant qu'une usure prématurée. La tête elle-même est entraînée dans cette dégénérescence générale, elle s'est allongée et rétrécie; l'encolure qui la porte est grêle et maigre comme toute la ligne supérieure; le flanc est relevé et l'animal *n'a pas de boyaux*; tout le membre antérieur est particulièrement pauvre, les articulations en sont effacées et les aplombs déviés. Une machine ainsi constituée manque de force, elle n'aura point de durée; elle ne vaut guère, on fera bien de la repousser.

Cependant il y a aussi des degrés dans la réprobation qui entoure à juste titre des organisations aussi incomplètes sous le rapport de la forme, il y a des degrés parce que, en dehors et au-dessus de celle-ci, déjà nous l'avons fait remarquer, il y a la qualité de la matière et la force vitale qui l'anime. Tout n'est donc pas dans l'habitude extérieure, car si discordante ou grêle qu'apparaisse parfois cette dernière, on est souvent surpris des témoignages de valeur que donnent les plus mauvaises apparences. Il faut les examiner avec plus d'attention ceux-là. On voit alors que tout, chez eux, décèle l'énergie : le caractère de la tête, l'expression des yeux, la position des oreilles, la dilatation des narines..... En effet, dès qu'ils sont en action, ils faussent le jugement qui avait été porté à l'inspection seule des formes. Qu'on ne s'y trompe pas néanmoins, il en est de ces animaux comme d'une machine dont la force de résistance n'est pas en rapport avec la force de son moteur; elle éclate, se brise, et bientôt est mise hors d'usage. De même il n'est pas rare de voir ces chevaux énergiques, qui ne sont que *toute âme*, bientôt ruinés et hors de service, parce qu'en eux la tension du moteur est trop forte pour les rouages de la machine et qu'ils ne sauraient y résister.

Ce que nous disons là se rapporte exclusivement aux variétés méridionales ou montagneuses de toutes les contrées, variétés attardées ou vieillies, qu'on n'a point encore su refaire pour les élever au niveau des exigences de l'époque actuelle. D'autres variétés, qui appartiennent à cette même classe, se montrent mieux douées à tous égards, plus complètes, mieux appropriées à nos besoins, aux services usuels. Elles n'ont point cessé d'être légères, mais elles ont, grâce à une ampleur relative de toutes les régions d'où naissent une structure harmonieuse et une organisation consolidée, un degré de force réelle et de résistance supérieur à ce qu'on pourrait croire. Elles ont ce qu'on appelle du corps, de la substance, c'est-à-dire des os et des muscles; une grande distinction, et une certaine perfection des grands appareils de la vie, propre aux races d'élite, à ce qu'on appelle les chevaux de sang. Ainsi le front est large, la colonne dorso-lombaire se montre développée, et ces deux caractères témoignent en faveur d'un vaste appareil d'innervation; tout ce qu'on peut voir des organes respiratoires dénote une fonction largement dotée, car les narines sont ouvertes, l'auge est spacieuse, le bord inférieur de l'encolure est volumineux, la poitrine mesure les trois grandes dimensions qui la font belle et promettent une activité vitale élevée; à la suite de ces deux fonctions essentielles, — l'innervation et la respiration — l'organisme entier s'étend et s'amplifie jusqu'à former des êtres compactes, capables, durs à la fatigue; le squelette est lourd, les masses musculaires sont résistantes; les membres sont larges, bien appuyés sur le sol ; leurs articulations sont nettement accusées et fortes. En somme, le bout de devant est beau et gracieux ; l'avant-main et l'arrière, reliés l'un à l'autre par un corps bien fait, sont puissants ; la membrure est large et solide.

Dans ces variétés, dont le cheval de pur sang reste toujours le type, il est facile de trouver de bons chevaux de manége et de promenade, de jolis chevaux de selle pour les femmes, d'énergiques petits chevaux de chasse, des trotteurs vites et agréables, de solides montures pour les troupes légères.

II. LES RACES DE GROS TRAIT.

Le cheval de gros trait est l'antipode du cheval léger. La force de celui-ci est dans un principe de vitalité et d'ordre moral qui est l'essence même de l'espèce; la force de l'autre, tout extérieure, appartient surtout à l'ordre physique, c'est une puissance matérielle. Le cheval de sang, en qui l'équilibre se perd, en qui les deux puissances qui le composent — les qualités physiques et les qualités morales — cessent de se faire contre-poids, devient *tout âme*, une ombre fugitive dont l'utilité réelle est difficile à saisir ; le cheval de trait le plus commun et le plus sympathique devient une masse inerte, une machine lourde fonctionnant à peu de résultats. Pour être inverse, l'exagération chez celui-ci et chez celui-là conduit à la même infériorité, à la même inutilité. Nous avons dit le peu d'aptitude et de valeur des variétés trop légères ; nous pourrions dire aussi l'impuissance et le peu de valeur des espèces communes trop loin du sang. Il nous suffira de constater le fait ; elles sont pesantes et veules, grossières dans leurs formes et abreuvées de lymphe ; d'une part, elles ont trop de poids, et d'autre part, trop peu de vitalité pour pouvoir cheminer autrement qu'à l'allure lente et alourdie du pas, pour aller au-delà d'une action molle et flasque (*grav.* 18.)

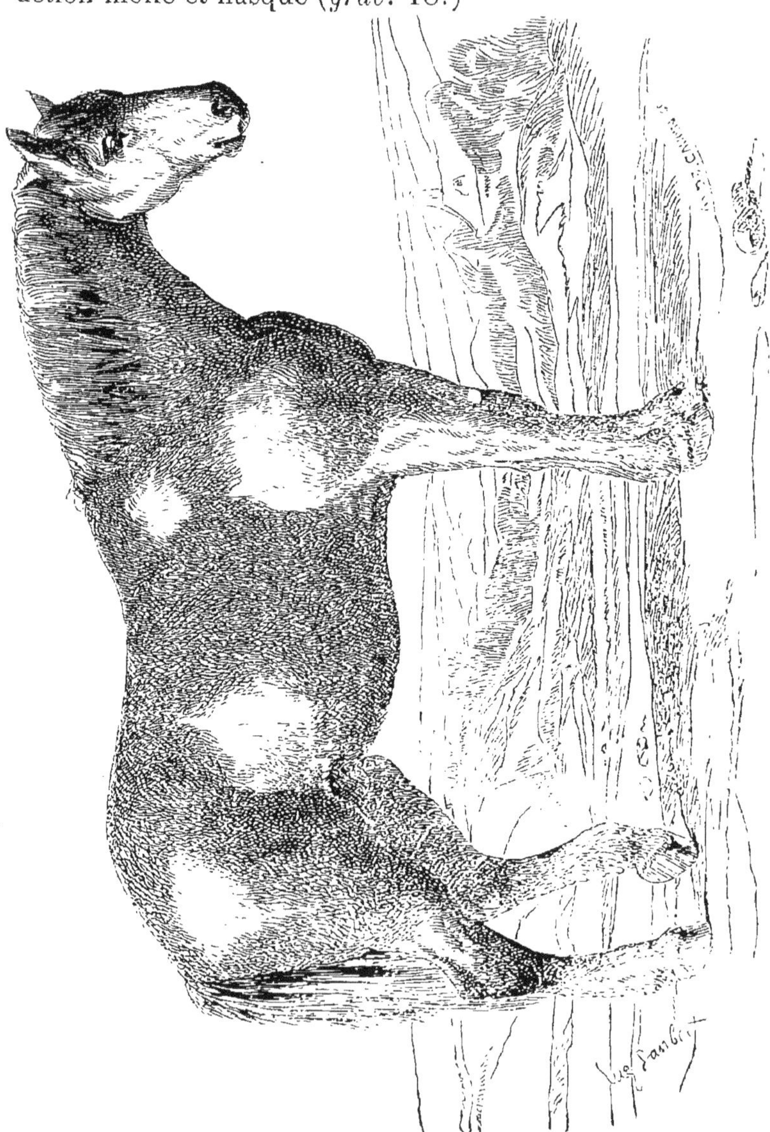

Grav. 18. — Type des races communes les plus molles (race flamande).

Abandonnons ce moteur à lui-même, car ce ne sera l'objet de la recherche de personne, et disons quelles conditions font le cheval de trait, un animal par excellence.

Rappelons ici, car c'est surtout le cas, une vérité que rien n'affaiblit dans la grosse espèce, à savoir : les formes apparentes ne sont que l'indice, que la traduction fidèle de la structure interne. Nous ne pouvons rien dire de la conformation extérieure qui ne soit basé sur la connaissance de la structure et des usages des organes cachés ou profonds.

Il faut, en premier lieu, rechercher les grandes dimensions de la poitrine, qui doivent résulter ici de la forme cylindrique et non plus de la forme elliptique, parce qu'une grande largeur, une grande épaisseur des parties antérieures du corps sont pour l'aptitude au trait une nécessité, une perfection. En effet, elles coïncideront d'une part avec une vaste capacité intérieure, utile, comme nous savons, au développement des appareils de la circulation et de la respiration, et d'autre part avec un poitrail très-ouvert et très-proéminent, des épaules fortes, épaisses et charnues ; un garrot peu élevé ; une encolure volumineuse et charnue, capable de supporter une tête un peu lourde. Tout cela forme masse et facilite la traction des gros fardeaux sur lesquels on fait tirer le cheval de trait, puissant par son poids. Toutefois, dans cette forte tête, nous ne trouverons pas les organes de l'innervation développés au même degré que dans la tête beaucoup plus légère du cheval de sang ; aussi, ni la vitalité ni l'action nerveuse ne se montrent au même titre dans les deux moteurs.

Si nous cherchons la contre-partie de ce premier ensemble, nous la trouverons dans une croupe très-étoffée, large et double. Effectivement, cette région est à l'arrière ce que la poitrine est à l'avant. La forme et les proportions de la croupe font connaître la capacité de la cavité pelvienne, qui renferme aussi des organes importants, et qui, chez la femelle, est destiné à contenir le produit de la conception pendant toute la durée de la vie utérine. Les grandes dimensions de cette cavité résultent surtout de la largeur des hanches et de l'espacement des cuisses; elles n'existeraient pas sans le volume proportionnel des couches musculaires qui recouvrent les os de la région. Eh bien, nous l'avons dit, ici le développement considérable des parties charnues, c'est l'action et la force. Dans le cheval de sang, nous voulons le répéter, l'énergie morale supplée au volume; chez le cheval de trait, c'est la masse qui produit l'effet utile. Il faut donc rechercher et tendre à obtenir beaucoup d'ampleur dans la région de la croupe, dont les fortes proportions entraînent nécessairement les puissantes dimensions des membres postérieurs.

Simplifiée à ce point, la construction du cheval de trait est facile à apprécier.

Le véritable type de l'espèce, dans notre France, est le cheval boulonnais *(grav. 19)*.

Il y a lieu cependant d'établir encore une distinction entre le limonier et les chevaux qu'on attèle devant. Le service extraordinaire du limonier, chargé de supporter une partie du fardeau placé sur la charrette, de retenir celle-ci dans les descentes et de la reculer dans quelques cas, recevant enfin le contre-coup de toutes les secousses qu'éprouve un pesant véhicule, force à le choisir avec plus d'attention parmi les plus grands et les plus forts. Il devra surtout être court, musculeux dans les régions du dos et du rein, très-solide dans le jarret qui sera plutôt coudé que droit, sans excès toutefois, afin d'éviter que, s'engageant trop sous le corps, à la descente, les membres postérieurs soient trop exposés à de dangereuses glissades; nous avons vu enfin qu'il pouvait tirer avantage d'une imperfection d'aplomb, qui nuit beaucoup à la lapidité des allures chez un cheval de vitesse, mais qui ajoute de la solidité aux membres antérieurs de celui qui

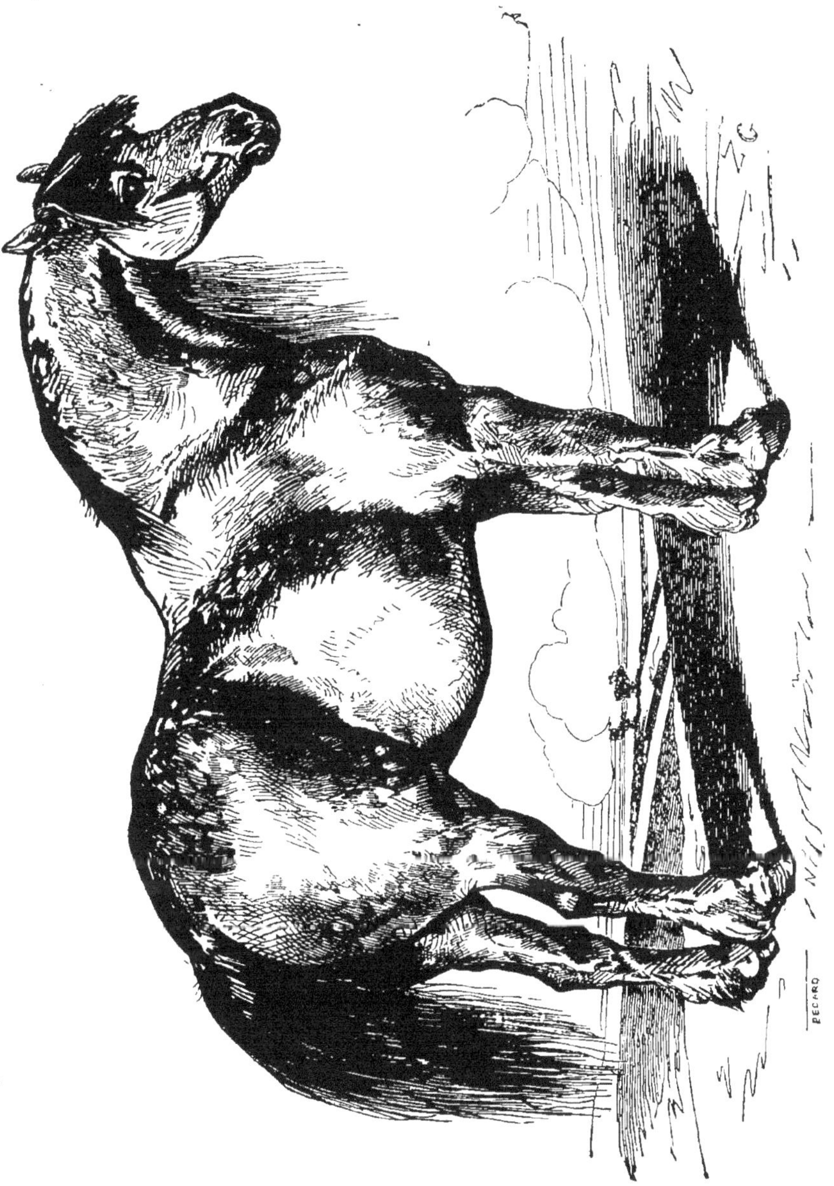

Grav. 19. — Type du cheval de gros trait, français (race boulonnaise).

peine outre mesure. On pense, en effet, que les genoux

rapprochés l'un de l'autre et saillants en dedans représentent une manière d'arc-boutant, favorablement disposé pour soutenir avec efficacité le poids énorme du corps, auquel s'ajoute la charge considérable d'une voiture.

Toutes les familles de chevaux de trait ne sont pas aussi massives. Nous avons été en quelque sorte au point extrême; en deçà, la construction s'allégit sans perdre de sa puissance. Alors la tête est moins grosse et moins lourde; l'encolure est plus relevée, le garrot est moins bas; les principales lignes du corps et notamment celles de l'arrière-main, prennent plus d'extension, et, en se prolongeant, une direction plus droite, qui donne plus de détente aux quartiers, plus d'impulsion à toute la machine. Le tempérament sanguin s'allie à la prédominance musculaire, et la force d'innervation est à un titre plus élevé. Les membres perdent une partie de leur commun en conservant leur ampleur; les cordes tendineuses sont plus nettement accusées et dénotent plus de rigidité. La force et la résistance s'allient à une certaine distinction de l'ensemble, et l'animal est beau dans son ensemble, car il respire l'énergie, car il promet la durée.

Ces modifications du cheval de trait ne le transforment pas, mais elles le rapprochent des races intermédiaires que nous devons étudier aussi. Dans cette classe, on trouve toutes les sortes quelconques du moteur propre à déplacer de gros poids, soit au pas, soit au trot : le cheval de gros trait le cheval de poste et de diligence, le cheval d'artillerie, et celui que l'agriculture emploie le plus volontiers à ses divers usages.

III. — LES RACES MOYENNES.

Il n'y a pas plus d'uniformité, il y a tout autant de variété dans les races moyennes que dans l'espèce légère et parmi les nombreuses familles de chevaux de trait. On trouve ici des grands et des petits, des forts et des faibles, de hautes valeurs et des incomplets... Comme en tout, la richesse côtoie la pauvreté, le bon et le mauvais vont de pair; bien heureux quand celui-ci n'étouffe pas celui-là. La perfection n'est pas moins rare dans cette classe que dans les deux autres, et la bigarrure de la population qui la compose rend assez difficile la tâche d'en déterminer le type d'une manière à peu près satisfaisante.

Au point de départ, cependant, le carrossier bien tourné était précisément le type. On le voit les yeux fermés : il est grand et étoffé, régulier dans sa structure, avec une certaine rondeur des formes; il a de l'ardeur en suffisance, de la force et de l'action; il est apte au tirage rapide, sans rappeler en rien le modèle plus ou moins grossier, ou plutôt le commun du cheval de trait proprement dit.

Par leur conformation les races moyennes rappellent les races nobles, plus légères que lourdes; sous le rapport de l'ampleur, il serait à désirer qu'elles s'éloignassent peu du gros des chevaux de trait. Par l'aptitude, elles se rapprochent des premières avec lesquelles elles finissent par se confondre à raison surtout de l'activité de la vie et des mouvements, tandis que leur puissance de traction leur donne une certaine parenté avec les autres. Laissant aux types supérieurs et à la descendance plus ou moins directe de ceux-ci la qualification de chevaux de luxe, elles se placent immédiatement au-dessous ou à côté et prennent diverses appellations, parmi lesquelles celles de cheval à deux fins, de demi-fortune ou demi-luxe, de cheval de cavalerie de réserve, etc.

Toutes les races moyennes ont aujourd'hui une certaine dose de sang : elles n'ont pas assez de distinction et d'énergie quand elles manquent de sang; elles sont insuffisantes ou trop légères lorsqu'elles en ont trop. Dans l'un et l'autre cas, elles sont également déclassées ; elles ont cessé de donner le moteur intermédiaire, celui de la destination qui est la leur; elles tombent au rang des non-valeurs.

Le point le plus essentiel dans la recherche des animaux de cette caste est la détermination de l'origine, du degré de sang qui les a laissés trop communs ou peu allants et peu résistants faute de sang, qui les a faits capables et brillants quand le sang a été introduit en proportion rationnelle, qui les montre défectueux ou incomplets quand le sang domine par trop l'étoffe. Voilà, de ce chef, trois groupes distincts auxquels nous pouvons nous arrêter, car toutes les individualités de cette classe, très-nombreuses aujourd'hui, peuvent se rapporter aisément à l'un ou à l'autre.

Le carrossier qui n'a point de sang, qui est *no blood*, suivant l'expression anglaise, a généralement la tête longue, bête et busquée. Nous savons que cette forme particulière et monstrueuse s'accompagne d'un œil petit et morne, de traits hébétés, d'oreilles longues et serrées, parce que la tête est étroite, peu développée dans ses régions supérieures. Pour supporter le poids de cette tête si lourde, l'encolure est épaisse et commune, ajoutant son propre poids à celui qu'elle est obligée de porter, et chargeant beaucoup l'avant-main, les membres antérieurs sur lesquels elle pèse. Aussi l'épaule reste courte, grosse et ronde, appuyée sur une poitrine qui descend peu et dont les parties supérieures ne sont pas relevées par le garrot, car celui-ci demeure enfoui entre les épaules, noyé dans les chairs; le dos est ordinairement bas et foulé, suivi d'un rein long, mal attaché, peu soutenu, mou, comme disent les hommes du métier. La croupe est plus ou moins horizontale et musculeuse, mais la fibre est molle, car la queue n'a ni ressort ni vigueur ; les hanches sont effacées, elles seront faibles dans l'action ; le jarret est plein et vacillant, souvent déshonoré par des tares et peu énergique dans la détente ; très-défectueuse est la coupe du membre postérieur qui, le plus souvent, se dessine en faucille, tandis que le membre antérieur, courbé dans une direction contraire à la puissance, se montre creux sur le genou et sur le boulet dont les articulations n'annoncent aucune solidité. La poitrine, relevée en avant, ne se termine fréquemment en arrière que par des côtes trop courtes ; ou bien le ventre est très-volumineux et pendant, le flanc est long et court, le bas est commun, les abatis sont canailles. Le cœur et le poumon manquent d'espace et fonctionnent malaisément ; le cerveau est petit et ne fournit que très-incomplètement aux besoins de la machine. Aussi est-ce le tempérament lymphatique qui domine ; la sensibilité est presque nulle, l'intelligence est obtuse ; tout cela sue la mollesse par tous les pores, au moral et au physique. Le cornage et la fluxion périodique des yeux s'emparent volontiers de pareilles organisations, chez lesquelles s'installent une foule de maladies dont la marche est d'une lenteur désespérante, dont la guérison est d'une extrême difficulté.

Tel est le portrait du type moyen *no blood*, du carrossier usé par les mauvaises influences, du cheval dégénéré, qui n'a plus de qualités. Ce n'est pas celui-là qu'on recherchera aujourd'hui, non pas précisément parce qu'il ne vaut rien, mais simplement parce qu'il est laid, très-laid ; tant de gens font encore passer les apparences avant le mérite vrai !

On se laissera bien plutôt prendre à celui qui a trop de sang, car il en impose souvent par une fausse apparence.

Chez lui, l'équilibre a été détruit entre les formes et les aptitudes, mais les premières l'emportent assez généralement aux yeux de l'acheteur inexpérimenté, dont le lot habituel est d'être facilement trompé. Il met presque toujours beaucoup de mauvais vouloir à comprendre que, chez le cheval moyen, c'est-à-dire dans les races qualifiées de demi-sang, trop de sang emporte l'animal vers un ordre de facultés qui le sortent de sa spécialité et lui ôtent partie de son utilité propre. Examinons-le donc de plus près, afin d'éclairer ceux qui n'y voient pas assez.

Le portrait sera brillant, car le cheval qui a trop de sang, pour faire un bon et durable service, est à tous égards un charmant animal. Il accuse (*grav.* 20 et 21) grâce, noblesse et distinction ; mais ces avantages ne suffiront pas à nous cacher à quel point, sous cette finesse, il est grêle ; on dirait qu'il a passé au laminoir. Ce n'est plus ni un demi-sang, ni même un trois-quarts de sang, c'est un cheval de sang. La différence est tranchée, la distinction est exacte, fondée. En se faisant plus délicates et plus sveltes, toutes les parties du corps deviennent moins résistantes. L'énergie morale, l'ardeur montent ; la force physique, la puissance musculaire baissent. L'effet utile qu'on attend du moteur, peut être instantanément plus appréciable ou plus complet ; à n'en pas douter, il sera moins durable. Nous voyons plus d'élégance, mais aussi moins de substance, moins de poids, et tous les défauts de proportion se prononcent. Sans avoir réellement plus de taille, l'animal paraît plus haut, il est *enlevé*, trop d'air lui passe sous le ventre. Cette élongation des membres reconnaît deux causes : les régions qui les composent ont moins d'ampleur, le corps s'est aminci aux dépens des grandes cavités. Et voilà détruits tous les avantages de l'étoffe et de la compacité. Dès lors, toutes les imperfections s'aggravent, et la somme des facultés tombe au-dessous des exigences. En effet, il a les os minces, les muscles peu développés, les

Grav. 20. — Type de cheval moyen trop léger, trop près du sang.

articulations faibles, tout le système amoindri ; trop délicats sont les traits, trop grande est l'impressionnabilité. Il peut accomplir vaillamment une tâche rationnelle et me-

Grav. 21. — Type de jument de race moyenne, trop près du sang.

surée. mais trop ardent et peu ménager de ses forces, il s'épuisera promptement; il s'usera d'autant plus vite, que lui-même précipitera plus sa ruine. Ceux qui aiment le joli, le fashionable, le prendront volontiers ; ceux qui préfèrent

Grav. 22. — Type du carrossier de demi-sang, bien conformé.

solide donneront la préférence au modèle que nous allons essayer de retracer.

Le voilà beau et bon tout à la fois (*grav.* 22, 23 et 24). C'est la réalité qui a fait ces mots synonymes. Par

Grav. 23. — Type de carrossier de demi-sang, bien conformé.

sa force, par sa corpulence et par sa taille, l'animal qui pose en ce moment devant nous donne le moteur propre à tous les services du luxe de l'époque ; car, un peu moins grand et svelte, il fournit un cheval

Grav. 24. — Type de poulinière de demi-sang, des races moyennes.

de selle élégant ou un cheval de chasse énergique et

résistant; plus développé et plus ample, il attelle brillamment le carrosse, le tilbury ou leurs analogues. La régularité des formes se retrouve dans tous les groupes que nous avons considérés comme autant d'ensembles. La tête est noble, intelligente; l'encolure a de la grâce dans sa pose et dans sa direction. L'élévation du garrot vient au secours de ces deux parties, en leur offrant un point d'appui et brillant et solide. Convenablement tracée et soutenue, la ligne de dessus est courte dans quelques variétés et plus longue chez d'autres, spécialement aptes à l'attelage; le corsage est bien dessiné, ample; l'arrière-main est puissant; la membrure est fournie, correcte dans ses aplombs et fortement articulée; la peau est fine et souple, recouverte d'un manteau brillant, aux reflets vifs et chatoyants; la vie est active dans cette belle machine; les mouvements sont aisés, étendus, rapides; le tempérament est riche, les mauvaises dispositions sont inconnues. En action, tout dans cette conformation harmonieuse révèle l'énergie unie à la durée. Les grands appareils de la vie, admirablement dotés, l'entretiennent dans une activité moyenne qui suffit aux plus grandes exigences sans nuire à aucun rouage, sans l'user plus vite que de raison.

Tel est donc le bon cheval de demi-sang, l'animal complet, si parfait dans sa forme et quant au fond tout à la fois qu'on peut bien le proclamer la création la plus heureuse, la mieux douée parmi toutes les races nées sous la main de l'homme. Aucune ne possède au même degré des qualités aussi hautes, notamment la vitesse et la durée, l'ardeur et la docilité, la force, l'adresse et l'intelligence.

C'est parmi les animaux de cette caste, qu'on rencontre des trotteurs d'une étonnante rapidité et les attelages les plus brillants.—Nous dirons encore quelques mots des premiers, qui pourraient constituer, pour peu qu'on le voulût, une variété particulière dans la classe.

Les trotteurs ne forment donc pas race, mais une spécialité brillante, et nous avons déjà esquissé à grands traits les mérites particuliers de la conformation athlétique du trotteur rapide, capable de durée. Beaucoup aiment et recherchent les trotteurs; c'est à juste titre. Aucune aptitude ne répond mieux ni au bon état de nos routes, ni aux habitudes qu'il nous a fait contracter. Le trotteur de nos jours est un cheval de trait rapide et non plus le cheval de voyage de l'époque qui a précédé la nôtre. Pour qu'il soit puissant dans ses actions, pour qu'il tienne longtemps au travail et pour que sa carrière puisse être longue, il ne saurait être ni mince ni léger, et ce mot n'est pas précisément ici synonyme de grêle. Il faut le prendre corpulent. Au-dessous d'un certain poids il gagnerait sans doute de la distinction et de la vitesse, mais il perdrait, à coup sûr de sa véritable force et de son aptitude à porter ou à traîner de lourdes charges, car telle est sa destination. Il en est de lui alors comme de toutes les machines, comme de la locomotive, par exemple, dont la puissance est en raison du poids. Otez du poids au trotteur et vous lui enlevez une partie de son point d'appui, quelque chose, par conséquent, de sa puissance. Le véritable trotteur est d'apparence épaisse et massive; en réalité sa structure n'est que solide et très-convenablement agencée dans toutes ses parties : sa charpente est forte et bien attachée; ses masses musculaires sont volumineuses et ses cordes tendineuses, grosses et résistantes; il peut beaucoup et on lui demande en effet beaucoup sans inconvénient; il est bâti en athlète et tient tout autant qu'il promet.

Trop de sang ici est encore un écueil (*grav.* 21), le même que nous avons déjà signalé et contre lequel un acheteur doit savoir se mettre en garde. Le trotteur, trop avancé dans le sang, perd du train en perdant une partie de son poids, c'est-à-dire une partie quelconque de son point d'appui, qui est l'une des sources de sa vigueur et de sa durée. Ceux qui prétendent qu'alors il gagne du fond ont le tort de taire qu'on arrive seulement à ce résultat en le chargeant moins, soit qu'il porte ou qu'il tire. Gagner de la sorte, c'est encore perdre. Cela signifie que le trotteur n'arrive pas à son maximum de valeur s'il dépasse un certain degré de sang ou s'il n'atteint pas à une certaine quantité d'étoffe. C'est que le trotteur, il faut bien qu'on se le persuade, est plus un cheval de trait qu'un cheval de selle ; il lui faut de la substance, un corps ample et une membrure large, du poids et de la force ; l'un sans l'autre ne donnerait pas le trotteur complet : avec le poids seulement on ne sortirait pas du type particulier au gros trait ; avec trop de légèreté on ne trouverait que le cheval de selle.

Un dernier mot. La grande rapidité au trot, et surtout la grande rapidité de cette allure longtemps soutenue dans toute son extension, sont une faculté, une perfection d'adulte. Plus tôt, dans le jeune âge, le trot permet de juger la liberté des épaules et la vigueur du jarret, en montrant dans l'avenir le degré d'aptitude auquel parviendra l'animal ; mais tout ce qu'exige de force et d'action cette allure n'est guère dans les moyens actuels d'un très-jeune cheval, d'un cheval de quatre ans par exemple.

CHAPITRE IV

LES QUALITÉS

Nous avons facilement établi les rapports réciproques qui existent entre la conformation apparente et la structure profonde, entre l'animal externe et l'animal interne; chemin faisant, nous avons trouvé les preuves évidentes de cette loi belle et féconde de l'organisation, qui montre la relation étroite et constante qui préside au développement proportionnel des divers instruments de la vie dont les actions sont connexes et dépendantes les unes des autres. Nous avons fait de la statique et de la dynamique, mais ni la science de l'équilibre ni la science du mouvement ne nous ont donné raison du principe même de la puissance qui agit chez le moteur animé, du degré de vitalité qui le pousse; ni celle-ci ni celle-la ne donnent la mesure des qualités morales dont elles ne font point non plus connaître l'essence. Il y a donc là une inconnue, et nous l'avions déjà constatée sans pouvoir la dégager. En effet, la force vitale ne s'apprécie pas, comme celle de la vapeur, par un nombre rigoureux d'atmosphères.

Essayons pourtant de remonter à la source même des qualités qu'on cherche à constater chez le cheval en action.

Deux animaux en tout semblables sous le rapport de la conformation extérieure, fidèlement reproduits par le peintre ou moulés en plâtre, pourraient être très-différents au travail sous le rapport de la vigueur, de la vitesse, de la résistance, bien que les portraits les montrent les mêmes quant à la taille, quant à la structure, quant à l'ampleur, etc.

Négligeant la question de santé et certaines autres conditions, toujours supposées les mêmes, on ne trouve la cause des différences constatées quant à la somme des services rendus, que dans ce qu'on est convenu d'appeler le *sang*, dans ce que la science nomme l'action nerveuse. Dans la prépondérance de celle-ci est le caractère le plus élevé de la force inhérente à l'espèce, ce qu'on a cru pouvoir qualifier : ou la noblesse ou la pureté des races, c'est-à-dire la supériorité, la prééminence, et mieux encore, l'excellence, l'inconstestable suprématie des animaux de *pur sang*.

L'action nerveuse domine et dirige le reste dans la machine ; c'est là une vérité de fait hors de discussion aujourd'hui, mais une vérité qui n'est point encore assez répandue. Or, répétons-le, c'est l'action nerveuse, vive ou ménagée dans l'individu, qui donne à celui-ci sa valeur, son titre. Plus l'innervation est puissante, plus parfait se montre dans l'économie le résultat de toutes les fonctions vitales; ceci n'est plus que l'abécédaire du physiologiste.

L'expérience a démontré que le cheval de pur sang est de tous les animaux le plus fort, eu égard à son poids : ajoutons que, relativement, il est d'une taille et d'un volume médiocres.

Tout cheval d'un poids plus considérable, s'écartant par conséquent du type, par suite d'influences diverses, devient par cela même moins fort quant à son poids.

Les caractères matériels, organiques, de la supériorité du type sont : la densité, le poids, la compacité de l'os;

l'élasticité, la force de la fibre musculaire, l'énergie de ses contractions; la résistance du tendon, son volume, sa netteté; la puissance des attaches et des ligaments; l'ampleur, le volume, la solidité de tous les viscères, de toutes les membranes, de tous les canaux, dont le tissu et la trame se montrent si énergiques; la perfection des sens, dont les instruments ne sauraient alors être ni grossiers, ni imparfaits; la richesse du tempérament sanguin allié aux avantages particuliers aux prédominances nerveuse et musculaire; la hardiesse de la pose; l'assurance, la vivacité, la fierté du regard... et, par dessus tout, le développement du cerveau, source de l'intelligence, de la force morale, des plus brillantes qualités, point de départ de toutes les facultés qui donnent à la vie sa plénitude, comme la vapeur accumulée donne à la machine inanimée sa force, sa plus grande puissance.

Cependant, l'action nerveuse ne peut s'exercer que sur la matière. Elle se fait donc sentir aux organes en raison de leur développement rationnel; c'est ce qu'on appelle, chez le cheval, l'étoffe, la masse. Lorsqu'il y a équilibre entre ces deux forces, tout est bien dans l'organisme dont chaque appareil fonctionne alors à sa plus haute puissance et produit les résultats les plus larges qu'on puisse en attendre. Il n'en est plus ainsi dès que l'équilibre est rompu, dès que l'une des forces est en plus et l'autre en moins. Dans ce cas, il arrive ou que l'action nerveuse, trop intense, s'use sans utilité réelle, complète, sur des rouages trop faibles pour en supporter l'effort et pour lui résister; ou que la masse, trop considérable, ne reçoit pas toute la quantité d'influx nerveux qui lui est nécessaire pour agir avec plus de force, c'est-à-dire avec plus d'efficacité.

L'action nerveuse est bien la source vive du degré de vitalité des moteurs animés, de leur degré d'activité et d'énergie durable; quand elle manque, c'est l'inertie.

La machine à vapeur convenablement chauffée ou point assez chauffée, la machine à vapeur trop faible à laquelle on veut faire transporter des fardeaux dont la masse est supérieure à sa puissance, ou bien la machine savamment construite qu'on lance seule, non-chargée voulions-nous dire, après avoir chauffé à toute vapeur, donne exactement le même résultat et offre l'image fidèle des divers degrés de l'organisation vivante. Seulement, quand une seule machine est impuissante à entraîner un poids donné, on a la ressource ou de diminuer le poids ou d'atteler une seconde machine au convoi, tandis qu'on ne peut, chez l'animal, ou plus exactement chez l'individu, ni ajouter à l'action nerveuse, ni ôter à la masse qui le constitue et réciproquement.

En résumé, l'expérience enseigne ceci : plus le cheval a de sang, plus il a de facilité et de continuité dans ses actions; et, conséquemment, plus devra être prolongée la durée de ses actions, exercice ou travail, plus le cheval de sang aura d'avantage sur celui qui en manque.

Voilà le principe, il est inattaquable; voyons maintenant l'application.

Le cheval n'a de valeur pour nous qu'autant que nous donnons à ses forces une masse à porter ou à traîner, autre que la sienne. Alors les conditions changent et l'on admet volontiers ce fait, par exemple : l'espace parcouru est en raison de la vitesse imprimée au corps; la vitesse est en raison directe de l'action nerveuse, ou de la force, mais en raison inverse de la masse. Il en résulte qu'une tâche très-facile épuise rapidement le cheval auquel on impose de la remplir avec trop de précipitation; en d'autres termes : le cheval qui a trop de sang est susceptible d'un effort désespéré très-considérable; celui qui n'en a qu'une dose rationnelle est capable d'une succession d'efforts modérés longtemps soutenue; le premier s'épuise vite, l'épuisement total est presque impossible chez l'autre.

« La masse, dit M. le baron de Curnieu, a plus de facilité pour un effort assez grand, mais qui n'exige pas le développement entier de la force contractile; une tâche pénible pour le cheval de sang pourra donc être continuée plus longtemps par le gros cheval, parce qu'elle sera extrême pour le premier et non pour l'autre. Il y a même des cas où la masse peut, sans se forcer, arriver à un effet que le sang ne saurait atteindre que par un effort extrême, le tirage d'une lourde voiture en mauvais chemin, par exemple.

» Si nous voulons résumer et appliquer, nous dirons que pour la course longue et rapide l'avantage est nécessairement pour le cheval de sang ; que pour la chasse et la guerre, surtout lorsque le cavalier est lourd et chargé, la masse remplace le sang ou lui donne une nouvelle vigueur quand les deux avantages se trouvent réunis chez le même individu en proportion convenable.

» Dans l'action du tirage, le poids spécifique de l'animal entre pour une bien plus grande part que l'énergie donnée par une belle origine, si toutefois nous entendons par tirage l'effort extrême du cheval en ce sens.

» Il est reconnu que sur une route plate, dans les conditions ordinaires, les roues diminuent de $^{19}/_{20}$ l'effort nécessaire pour enlever le poids donné. Ainsi, 1,500 kilogrammes, charge ordinaire d'un bon cheval de roulage (chariot compris), sont portés en avant par un poids de 75 kilogrammes mis au bout d'un câble qui passerait par une poulie et s'attacherait par l'autre bout à la voiture (*grav.* 25.)

» Le cheval peut vaincre la résistance que le collier

oppose à sa marche, soit par la contraction de ses muscles, soit en jetant simplement une partie de sa masse dans le collier. Attelant donc deux chevaux, l'un du poids de 350 kilogrammes, l'autre pesant 500 kilogrammes, nous voyons quel avantage le dernier a sur l'autre en s'appuyant seulement et avant d'avoir fait le moindre effort. L'idée de consacrer le cheval léger au roulage ou même à toute autre voiture pesante, est donc ridicule et insoutenable.

» Il n'en sera plus de même si, diminuant le poids, vous voulez augmenter les vitesses. Les chevaux de trait rentrent alors dans la classe des chevaux de selle peu chargés,

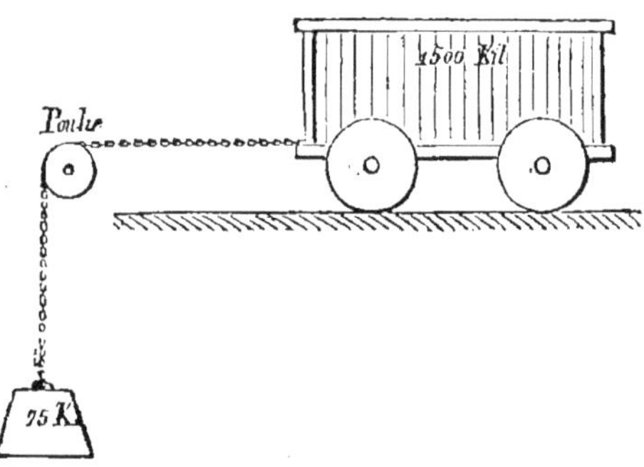

Grav. 25.

en ce sens que le poids additionnel devenant presque nul, l'avantage revient à celui qui meut le plus facilement sa propre masse, le cheval léger. Augmenter les distances aura le même résultat que d'augmenter les vitesses, puisque vous vous adressez à la faculté de continuer les efforts de la marche. »

Ces données sont malheureusement trop peu répandues; de là les grossières erreurs qui ont cours chez nous en ce qui concerne les mérites propres aux chevaux de pur sang et à ceux qui sont loin du sang. Les uns et les autres ont leurs fanatiques, mais leurs fanatiques exclusifs. Une étude plus exacte éclairerait tout le monde sur des questions dont l'examen ne comporte réellement aucune difficulté particulière et réunirait les opinions, depuis si longtemps divergentes, en mettant simplement en lumière la vérité.

Faut-il maintenant, pour nous faire pardonner d'avoir résolûment abordé notre sujet en la forme qui précède, faut-il le traiter d'après les idées reçues, en nous traînant dans les routes tracées par nos devanciers ? Nous voulons bien, car ce qui va suivre ne portera certainement aucune atteinte à ce que nous avons dit jusqu'ici.

Et d'abord, il n'y a pas d'aptitude au travail sans la santé. Cette dernière tenant ainsi dans sa dépendance l'application des forces du cheval, voyons à quels signes extérieurs on pourra reconnaître que l'animal *se porte bien*, suivant l'expression vulgaire, mais très-significative, très-caractéristique.

Le cheval bien portant se montre gai, dispos, attentif à tout ce qu'on peut lui demander ; son attitude indique assez qu'il est prêt à obéir au moindre mouvement qu'on lui imprime ; il a le poil clair, lisse, luisant ; la peau est douce et souple au toucher ; les reins fléchissent doucement sous la pression modérée des doigts ; l'œil est bien ouvert, la tête est aisée dans sa pose plus ou moins élevée ; la bouche est fraîche ; les crins de la crinière et de la queue s'arrachent difficilement ; sa respiration est facile, calme avant toute excitation.

La condition, l'état d'embonpoint peut varier. Il est des gens qui aiment la graisse. Est-ce parce qu'elle cache les véritables formes de l'animal ? Elle l'arrondit extérieurement, ce qui n'est point une beauté, puisque la conformation anguleuse indique beaucoup plus de réelle puissance ; elle le rouille au-dedans et lui ôte beaucoup d'haleine, beaucoup de facilité à respirer, tout en le chargeant d'un poids inutile et incommode qui use une partie des forces au profit du transport d'une masse absolument inerte. Il en est peu qui soient indifférents à la maigreur. Celle-ci ne doit effrayer personne si, d'ailleurs, l'animal porte en lui tous les signes de la santé. La maigreur ne le farde pas; elle le montre tel qu'il est, grêle ou ample dans la charpente, développé ou mince dans les systèmes musculaire et tendineux, fort ou faible dans les articulations. Alors, la maigreur est de circonstance; elle s'en ira bien vite sous l'influence d'un bon régime qui remettra l'animal en chair.

Celui-ci n'aura pas le développement et la mollesse des chairs du cheval trop gras; il n'aura pas non plus l'apparence peu séduisante pour le vulgaire du cheval qui n'a, pour ainsi parler, que la peau sur les os; il se montrera entre les deux, riche de sa musculature ferme et résistante à l'œil comme à la main, riche de la force et de la direction des os du squelette, qui n'apparaissent point décharnés comme sur le cheval trop maigre, mais qui ne sont point enfouis sous la graisse et noyés dans la lymphe, comme cela arrive quand l'animal est obèse.

Maintenant cherchez-vous, en dehors de tout ce que nous avons dit, des témoignages tout extérieurs de vivacité et d'énergie? Vous les trouverez plus facilement chez le cheval dont nous venons de constater l'embonpoint moyen, la bonne condition, suivant l'expression anglaise. Vous lui verrez les muscles bien dessinés; l'œil hardi, le regard franc, l'oreille attentive et mobile; le corps plein et bien roulé; la membrure forte et bien appuyée; de bonnes lignes bien soutenues; la queue résistante, et l'anus plus petit que gros, arrondi et fermé.

A l'opposé, vous aurez des lèvres flasques et pendantes, un œil éteint, des oreilles négligées, des attitudes molles, point de vivacité, mais beaucoup d'indolence et de paresse; des lignes disjointes, une queue flasque, l'anus béant. Les vices de conformation seront nombreux : les jambes seront hautes et grêles; le corps sera volumineux et lourd, affaissé dans sa ligne supérieure, tombant dans la région du ventre, relevé en avant entre les membres antérieurs; le flanc sera long et creux, le dos bas et le rein mal attaché, etc., etc.

Toutes ces imperfections n'existent pas en même temps chez le même individu, mais elles sont du même ordre et appartiennent aux mauvaises natures.

Après cela, nous l'avons dit aussi, la perfection n'est pas indispensable, et bien des chevaux, avec plus d'un côté faible, accomplissent réellement de pénibles travaux, fournissent une carrière au bout de laquelle la somme des services rendus est réellement considérable. Ceci devient une question de régime. Si le cheval puise ses forces dans son origine et dans sa structure, n'oublions pas qu'au travail il dépense ses forces, et que c'est par l'alimentation et par le repos qu'il les répare, qu'il les renouvelle. A ce point de vue, il serait bon de connaître les antécédents de l'animal, mais ce genre de renseignements n'est pas de ceux qu'on puisse obtenir facilement. Au moins faut-il se rappeler cette condition essentielle, afin de nourrir convenablement les chevaux, dans la mesure même de ce qu'on exige d'eux, parce qu'après avoir bien acheté ceux qu'on possède, on transforme les bons en médiocres et ceux-ci en pires, quand on ne leur rend pas, sous forme de nourriture appropriée « à leur état, » en raison des pertes qu'ils ont faites, des pertes à réparer. L'économie animale, pas plus que l'industrie humaine, n'est apte à faire quelque chose avec rien. Par contre, elle obtient souvent beaucoup de quelque chose. C'est ainsi que nombre de chevaux défectueux, qu'on jugerait très-rationnellement en les déclarant médiocres, très-voisins du mauvais, rendent d'excellents services quand on les nourrit richement, à la condition pourtant de les utiliser exclusivement dans le sens de leurs aptitudes. Nous disions un peu plus haut : l'idée de consacrer le cheval léger au gros trait est tout simplement absurde ; et nous avions raison, car il est d'expérience vulgaire que le cheval propre à un service léger dans lequel, s'il est substantiellement nourri, il déploiera des ressources presque inépuisables, ne résistera pas à la tâche pénible du trait, si abondant et si réparateur qu'on fasse son régime habituel ; et réciproquement, le cheval massif, fait pour les travaux excessifs qui doivent s'accomplir à l'allure du pas, serait promptement usé si, par suite d'une étrange aberration de l'esprit, ou par une grossière méprise de la pratique, on s'avisait de l'appliquer à une destination qui ne saurait être la sienne.

Mais nous avions déjà traité ce côté de la question qui se résume en ces deux mots : choisissez le cheval en vue du service auquel vous le destinez ; ne commettez pas la faute vulgaire de l'appliquer au travail qui ne lui convient point ; si bon qu'il soit, d'ailleurs, il succomberait vite sous des efforts qui ne sont pas dans ses moyens.

CHAPITRE V

LE CHEVAL EN VENTE

Pour ceux qui procèdent par compas et par mesure, l'examen du cheval en vente doit commencer à l'écurie, se continuer dehors, au repos et dans l'action, se terminer enfin par un essai plus sérieux. L'examinateur doit en savoir long, car pour juger sainement, il doit fermer l'oreille à de beaux discours et ne pas se laisser prendre aux piéges qu'on lui tend avec beaucoup d'habileté, aux mille et une ruses du maquignonnage ; de plus, il doit connaître la législation spéciale au commerce des chevaux.

Voilà qui est un peu compliqué.

La théorie a pourtant raison de se faire complète, de ne pas laisser de lacune dans son enseignement ; mais la pratique n'a pas toujours le loisir de suivre minutieusement ses conseils à la lettre. Bien plus souvent, elle est forcée de couper au court, d'agir vite et vite, et de mettre à consommer un certain nombre de marchés, moins de temps qu'il n'en faudrait pour voir un seul cheval, au quart, si l'on ne s'écartait pas des règles tracées par la théorie. Celle-ci a pour excuse la nécessité d'aller au fond des choses, de procéder en tout avec méthode, afin de ne rien omettre. La pratique, qui donne l'expérience — l'expérience qui passe science, permet d'abréger beaucoup ; elle façonne l'œil à saisir prestement et sûrement les ensembles, en ne s'arrêtant qu'aux régions importantes, qu'aux détails les plus essentiels.

Nous qui écrivons pour tous, nous ferons, pour ce dernier chapitre, ainsi que nous avons fait pour les autres ; nous élaguerons tout ce qui n'a pas un réel intérêt ; nous parlerons seulement de ce qui ne peut pas être ignoré sans inconvénient.

A. Le Cheval à l'écurie. — Il y a de bonnes indications à recueillir, cela est certain, de la manière d'être du cheval à l'écurie; mais il faut être sûr que son attitude actuelle n'est pas forcée, qu'elle est naturelle et vraie. Or, on sait à quel point elle est toujours imposée, faussée, chez les marchands, où tout est combiné en vue de donner au cheval une apparence aussi brillante que possible, car il y est toujours en montre. Il y a là une sorte de mirage dont on ne se rend compte que dans sa propre écurie, après y avoir laissé à lui-même le nouveau venu.

Il ne faut pas être moins en garde contre l'illusion que fait un jeune cheval préparé pour la vente, en belle et bonne condition, dans une mauvaise écurie, au milieu de chevaux plus ou moins déformés par le travail et d'apparence peu séduisante.

Il ne faudrait pas non plus se laisser prévenir trop défavorablement, chez un éleveur peu façonné au commerce des chevaux, étranger du moins au charlatanisme ordinaire du maquignon, contre un cheval tout brut, auquel on n'a jamais fait le plus petit brin de toilette, qui est peu présentable à vrai dire et ne sait rien de rien.

Quant à celui qu'on cherche ou qu'on remarque dans les rangs, sur un champ de foire, inutile de prévenir qu'il est toujours sous les armes, toujours sur le qui-vive de par le fouet qui ne se repose guère et le tohu-bohu d'un pareil lieu.

Après ces remarques toutes pratiques, nous pouvons bien faire observer qu'on doit examiner comment le cheval est abordé par la personne qui doit le sortir, comment il accueille celui qui le découvre, comment il accepte le bridon, comment il recule, et la facilité ou la difficulté avec laquelle il se retourne à la sollicitation de celui qui va le montrer.

Quand on en est là, l'animal a déjà reçu sous la queue, dans l'anus, ou du gingembre ou du poivre. Le plus souvent le tour est fait avec une grande habileté et l'acheteur inexpérimenté n'y a vu que du feu. L'action de ce stimulant donne une apparence d'énergie au cheval, dont la queue se détache et se relève en trompe, dont tout l'arrière-main se ressent et présente une meilleure direction. L'homme expérimenté ferme les yeux sur une manœuvre qui lui est bien connue, et fait la part du résultat passager qui lui est dû.

Avant qu'il franchisse le seuil de la porte de l'écurie, on arrête le cheval pour examiner l'œil, conformément au mode que nous avons précédemment décrit. Beaucoup veulent paraître habiles, sur une assurance très-formelle du vendeur ou de quelqu'un des siens, craignant de paraître moins connaisseurs qu'ils ne voudraient, ils s'en laissent imposer et ne voient qu'à demi, là où il faudrait voir avec une extrême attention et plutôt deux fois qu'une. Ceci est grave pourtant. Arrière toute fausse honte ; celui-là seul qui regarde bien, peut voir juste et juger sainement ; on le tient en plus haute estime que ceux qui se troublent et font semblant d'avoir vu avant d'avoir pris le temps de regarder. N'oublions pas ce proverbe, à l'usage des acheteurs : Il faut ouvrir les yeux avant de délier les cordons de la bourse.

On peut profiter de ce premier temps d'arrêt pour reconnaître l'âge, l'état des barres et de la bouche, pour explorer l'intérieur des naseaux et le vide de l'auge. Bien que ce premier examen doive être rapide, il faut le faire sérieusement, en connaissance de cause, non machinalement et par manière d'acquit. Nous avons vu procéder avec une certaine habileté apparente des amateurs aux grandes prétentions qui examinaient, touchaient et retouchaient sans se rendre compte de rien, et qui en imposaient par un savoir-faire qui, certes, n'était pas du savoir ; ils ne savaient rien de l'œil, rien des dents passé cinq ou six ans, rien de la bouche, rien de rien, mais ils parlaient haut et tranchaient dans le vif à la manière d'Alexandre-le-Grand opérant sur le nœud gordien.

Ce petit examen terminé, on laisse sortir le cheval qu'on fait mener au grand jour.

B. Le cheval en place. Les marchands savent tous présenter l'animal à vendre sous l'aspect qui lui convient le mieux, de la manière qui lui *sied le mieux*. Il a été pansé avec soin, avec recherche; après la grande toilette, il reçoit un dernier coup qui le lustre; le voilà bichonné, pomponné, éclatant. On dirait, suivant la remarque de M. F. Villeroy, d'une coquette qui a usé de toutes les ressources de l'art pour dissimuler ses défauts et faire ressortir ses avantages : beaucoup s'y laissent prendre ; ce sont les bagatelles de la porte. Attachons-nous à quelque chose de plus sérieux.

Et d'abord, que le cheval qu'on nous montre pour la première fois soit complétement nu. Nous voulons voir et bien voir. Ainsi, point de harnais d'aucune sorte, à l'exception du bridon ou du licol, point de couverture pliée sur le dos. Cette mèche est éventée. On n'ignore pas que, tranchant par la couleur avec celle de la robe du cheval, elle coupe la longueur du corps et le raccourcit à l'œil.

Puisque l'occasion s'en présente, vidons tout de suite cette question de dimension qu'on doit mesurer au premier coup d'œil. Le cheval ne doit pas être court de la pointe de l'épaule à la pointe de la fesse, mais seulement de la pièce du milieu, du dos et du rein; il doit avoir la croupe longue, la poitrine profonde. Jamais ces grandes régions ne donneront une apparence vicieuse. Le cheval trop long est celui qui a trop de longueur dans la colonne dorso-lombaire et dans le flanc, imperfection qui nuit beaucoup à la solidité et conséquemment à la puissance, lors de la transmission des forces de l'arrière à l'avant.

Le cheval est tout naturellement placé de manière à le faire valoir, sur un point plus élevé et toujours contre un mur; ses proportions en ressortent plus grandes, plus hautes. Il faut tenir compte de ce fait.

Placé, vous-même, sur le côté et à quelque distance de l'animal, voyez-le d'abord de profil, puis de face, puis par derrière, sans négliger le dessus, car ce dernier aspect a son importance.

Quel ordre suivre dans cet examen rapide des détails ? Les uns, après s'être arrêtés un instant sur l'ensemble pour comparer entre elles la hauteur du garrot à terre et la longueur de la pointe de l'épaule à la pointe de la fesse, lesquelles ne doivent pas être trop dissemblables, prennent la tête pour point de départ de leurs nouvelles observations, et procèdent ainsi, par continuité, de l'avant à l'arrière, s'arrêtant sur chaque région du tronc qu'ils abandonnent ensuite pour examiner et juger les membres. D'autres commencent par ces derniers, et regardent attentivement les pieds, puis remontent au tronc et le détaillent, deci delà, avec plus ou moins de méthode, mais sans rien oublier. D'autres encore s'attachent à une partie quelconque de l'ensemble, comme le rein ou le jarret, ou la poitrine, ou les extrémités; puis, suivant que ce groupe leur convient et les satisfait, ou leur paraît défectueux et leur déplait, ils vont aux autres régions et les jugent sommairement, car leur opinion est faite.

Toutes ces diverses manières sont bonnes. Ce qui ne vaudrait rien serait de n'en point avoir. Alors on serait de ceux qui regardent et ne voient point. Qu'on s'y prenne donc d'une façon ou d'une autre, pourvu qu'on adopte un ordre quelconque et qu'on n'oublie rien d'essentiel.

Supposons que l'on commence par la tête; nous avons dit fort au long tous les caractères qu'elle peut présenter à l'avantage ou à la défaveur de l'animal. C'est ici le cas de faire une application judicieuse des connaissances acquises; on passe ensuite à l'encolure, de celle-ci au garrot et à toute la ligne du dessus, qui doit être large et forte, y compris la croupe et la queue.

On sait déjà beaucoup de choses, si on veut bien se rappeler tout ce que nous avons dit en discourant sur toutes ces régions, mais il en est d'autres encore à apprendre. On a pu s'approcher, après un coup d'œil général, et passer la main sur la nuque, sur l'encolure, pour s'assurer du degré de fermeté des chairs; sur les côtes, pour apprécier le degré de finesse et de souplesse de la peau; sur les reins, pour s'assurer de leur état de flexibilité; on a pu saisir la queue et visiter l'anus et les parties sexuelles de la femelle, tout en mesurant le degré de résistance que le tronçon de la région offre à l'action qui la soulève. On a vu le ventre, le fourreau, les organes de la génération chez le mâle, s'il est entier; et l'on s'arrête au flanc, afin d'en étudier les mouvements d'élévation et d'abaissement.

Maintenant, il faut voir l'animal de face. On se porte en avant, et, au passage, on comprime la gorge afin de forcer l'animal à tousser; on connaît alors la nature du bruit qui s'est produit et qui éclaire, pour sa part, sur l'état de la poitrine qu'un second examen du flanc, réservé, fera plus complétement apprécier.

Vu de face, le cheval présente le poitrail et les membres antérieurs. C'est dans cette position qu'on voit si l'animal est panard ou cagneux ; si le genou porte des traces de blessures ou de cicatrices, indice d'accident ou du peu de solidité des membres antérieurs. Portant les yeux plus loin et, se baissant, on regarde entre les jambes de devant, la face interne des jarrets, pour s'assurer que les éparvins sont bien faits ou défectueux.

On revient aux membres antérieurs pour en explorer une à une les régions, surtout sous le genou. Là, l'intégrité doit être parfaite, nous avons dit toute l'importance d'une bonne direction et d'un développement rationnel, car ces deux termes sont une garantie de force et de solidité. Il peut être utile de passer la main sur les extrémités, car aucune partie n'est à négliger ici, ni les cordes tendineuses, ni le pourtour des boulets, ni le pli du paturon, ni la surface des couronnes, ni le pied qu'il faut examiner avec soin, scrupuleusement, extérieurement et en dessous, afin de s'assurer qu'aucune application, qu'aucun topique ne cache soit des défectuosités, soit des maladies. On éloigne donc la région de terre, on lève le pied suivant l'expression consacrée, et l'on constate tout à la fois l'état de la surface plantaire, le genre de ferrure et le degré de docilité de l'animal.

On procède exactement de même pour la partie inférieure du membre de derrière, mais, au préalable, on a examiné les régions supérieures et, se rappelant nos recommandations, on s'arrête avec attention et complaisance au jarret, qui est si fréquemment taré à divers degrés, même chez les jeunes chevaux, même chez ceux qui n'ont point encore travaillé. Les jardons et les éparvins donnent bien du tintouin à l'acheteur. Il en est de volumineux qui ne gênent en rien les mouvements de l'articulation ; il en est qui apparaissent comme des pointes de diamant et qui font ou feront très-prochainement boiter l'animal. Plus celui-ci est jeune, moins il a travaillé, et plus ces petites tares, presque insignifiantes à l'œil ou au toucher, sont à redouter. Une grande pratique seule peut se permettre un jugement certain à cet égard et encore.

Par derrière, au repos, on voit la croupe, la queue, les cuisses, ce que les Anglais nomment les quartiers, et la face postérieure des membres pelviens. Nous n'avons aucune considération à ajouter à celles que nous avons déjà développées, si ce n'est que chez le cheval destiné à de très-vives allures, chez celui qu'on charge peu ou presque pas conséquemment, la machine, vue d'arrière en avant, doit en quelque sorte être faite en coin, c'est-à-dire large du derrière et relativement étroite du devant ; alors elle percera plus facilement droit devant elle : le cheval d'hippodrome est construit sur ce modèle ; c'est une manière de flèche. La construction des animaux destinés au trait souffrirait de cette disposition ; elle a besoin de masse, et cette nécessité comporte que l'avant-main soit large et forte autant que l'arrière.

C. **Le cheval en mouvement.** Le cheval est fait pour m..rcher. Nous avons sur son extérieur toutes les indications qu'il pouvait nous fournir, il nous reste à le voir en action et à lui demander de nous donner lui-même la clef de son mécanisme intérieur.

Voyons-le donc en mouvement.

Et d'abord, sur quel terrain va-t-on le solliciter dans ses

allures, car il ne s'agit guère encore que de cela. Pour le juger d'une façon plus certaine, nous lui imposerons plus tard un essai plus sérieux.

Le terrain est-il dur, résistant, pavé? cela est fort à désirer. On commence l'épreuve en le faisant exercer à la main : alors on doit forcer le conducteur à laisser à la tête quelque liberté. On n'a pas toujours facilement raison sur ce point, si simple en soi pourtant. Le piqueur, le palefrenier, le groom, quel qu'il soit, a reçu ses instructions; il tient l'animal court, offre un point d'appui à la tête, et de ce fait seul, partie des défectuosités des allures peut être dissimulée; on aggrave encore le cas en pliant de côté l'encolure. Alors il devient à peu près impossible de juger avec connaissance de cause de l'action régulière des membres. Si le marchand a intérêt que les choses se passent ainsi, l'intérêt de l'acheteur est tout autre. Ce dernier doit donc, avant tout, savoir comment et dans quelle intention agit ce rusé cornac, afin de savoir lui-même à quoi s'en tenir.

Ce qui nous resterait à dire sur cette partie de l'examen du cheval, a été décrit avec tant d'exactitude et de netteté par M. F. Lecoq, que le lecteur gagnera à ce que nous nous bornions à copier ce savant maître.

« On commence, dit-il, par faire partir l'animal au pas, en se plaçant d'abord de manière à l'envisager en arrière au départ, puis en face au retour, pour juger de la régularité des mouvements du tronc, de la tête et des membres; pour voir surtout si ces dernières ne s'écartent pas trop en dehors ou en dedans, faisant billarder, faucher ou couper le cheval. On l'examine ensuite de profil, pour bien saisir l'harmonie qui doit exister entre l'avant-main et l'arrière-main, voir si les pieds postérieurs prennent bien la place des antérieurs, s'ils ne les dépassent pas trop, ou ne restent pas fortement en arrière; on s'assure, en même temps, si l'animal a un bon pas et s'il l'exécute franchement. On tâche de reconnaître pendant l'action s'il ne s'effraie pas des objets environnants, s'il n'est pas ombrageux. S'il élève fortement les pieds antérieurs et s'il change à chaque instant la position des oreilles, on peut être assuré que la vue est mauvaise.

» On fait ensuite passer le cheval à l'exercice du trot, en l'examinant de même que pour le pas. C'est alors qu'il faut redoubler d'attention, non seulement pour s'assurer de la bonté, de l'étendue et de la vivacité du trot, mais pour reconnaître les différentes boiteries qui se manifestent surtout à cette allure. On a soin de faire tourner l'animal, tantôt sur la droite, tantôt sur la gauche, afin de surcharger alternativement chaque bipède latéral, et de le faire arrêter un peu court, pour s'assurer de la force du rein et des jarrets. C'est aussi après le trot qu'il faut le faire reculer, car le cheval affecté du mal qu'on a appelé l'immobilité, exécute ce déplacement avec plus de difficulté après l'exercice qu'en sortant de l'écurie.

» On peut, jusqu'à un certain point, reconnaître la bonté du trot d'un cheval, au peu de bruit qu'occasionnent les battues sur le pavé et à la vivacité avec laquelle elles se succèdent.

» Lorsque l'exercice du trot, que l'on a dû rendre de plus en plus accéléré, est terminé, il faut revenir à l'examen de la fonction de la respiration. Les mouvements du flanc, qui avaient pu laisser de l'incertitude pendant le repos, sont devenus plus fréquents et plus marqués après l'exercice, et l'on peut alors, non-seulement distinguer plus facilement le soubresaut de la pousse, mais reconnaître diverses irrégularités des mouvements respiratoires qui indiquent certaines altérations des organes contenus dans la poitrine.

» L'accélération de la respiration, après l'exercice, peut aussi mettre en évidence un bruit particulier, produit par la colonne d'air qui traverse les voies respiratoires et qui a reçu différents noms, suivant son intensité. On appelle *gros d'haleine*, le cheval chez lequel ce bruit est encore plus intense; et *corneur*, celui chez lequel le mouvement respiratoire produit un sifflement particulier plus ou moins rauque. Ces deux symptômes, le dernier surtout, déprécient considérablement l'animal. Le cheval gros d'haleine ne peut supporter longtemps un exercice pénible, à une allure rapide. Le cheval corneur y résiste encore moins, et peut tomber asphyxié, si on le force à continuer son travail.

» Pour peu qu'il y ait doute après les quelques tours de trot que l'on a exigés de l'animal, on le fait exercer de nouveau, pendant un temps plus long, pour procéder à un nouvel examen.

» Le cornage ne devient ordinairement apparent que dans certaines circonstances, lorsque, par exemple, l'animal est soumis à un service pénible ; et comme on ne peut pas toujours le voir, avant l'achat, dans cette condition, la loi a placé le cornage au nombre des vices rédhibitoires.

» Pendant les moments de repos qu'on laisse au cheval, après l'avoir exercé, surtout au trot, il est bon de lui laisser une grande longueur de rênes, de l'abandonner presque à lui-même, et d'observer la manière dont il se place. On peut être assuré que si quelque membre est souffrant, il se trouvera soustrait à l'action du poids du corps, et plus dévié de sa ligne naturelle que les autres; et si cette position se renouvelle pour le même membre plusieurs fois de suite, on devra l'examiner de nouveau avec la plus grande attention.

» On exige rarement l'épreuve du galop dans la visite

du cheval ; il est cependant essentiel de s'assurer de la bonté de cette allure, pour les chevaux de selle au moins..... »

On parle beaucoup des ruses des marchands de chevaux, on les trouve longuement énumérées dans tous les livres spéciaux. Ce ne sont plus aujourd'hui que finesses cousues de fil blanc, qu'on nous pardonne cette trivialité. Nous ne ferons pas à nos lecteurs l'injure de leur donner une nouvelle édition des grossières roueries de l'ancien maquignonnage. Celui de notre époque est plus raffiné. On a sans doute plus de peine à s'en défendre, mais on n'a point à rougir d'avoir été trompé avec art, voire avec esprit, tandis qu'on aurait honte de s'être laissé jouer de la manière qu'on jouait, dit-on, nos anciens. Ceux qui auraient à redouter pour eux-mêmes les mauvais tours dont nos pères étaient les victimes, ceci a-t-il jamais été vrai ? ne devraient pas se risquer seuls chez un marchand ; ils trouveraient facilement un conseiller pour les tirer d'affaire, pour les soustraire à la friponnerie d'un maquignon éhonté.

Nous voudrions bien, au surplus, que l'inspection qu'on vient de faire subir au cheval ne fût en quelque sorte qu'un examen préliminaire, une première épreuve. Que si elle n'a pas été favorable, tout est terminé ; mais si elle a donné à penser que l'animal est capable de remplir à souhait la tâche, quelle qu'elle soit, à laquelle on le destine, il y a lieu de le soumettre à une épreuve plus large ou plus sévère, à un essai plus complet.

Occupons-nous donc de ce qui doit advenir alors.

Mais avant, quelques mots encore sur l'achat des chevaux appareillés, de ceux qu'on attelle par paire.

Justement préoccupé du désir d'avoir des animaux parfaitement pareils, l'acheteur d'un attelage, d'une paire de chevaux, examine bien plus ceux-ci au point de vue de la ressemblance que des qualités. C'est un tort : aussi, sous prétexte d'une ressemblance plus complète, le marchand associe toujours des animaux très-différents quant à leur valeur. A la faveur de la taille qu'on égalise assez facilement et de la robe qu'on finit par trouver de même nuance, on accole très-ordinairement un cheval médiocre à un meilleur et, les montrant ensemble, jamais séparés, et attirant principalement l'attention sur le bon, l'autre, qu'on a d'ailleurs habilement maquignonné, passe presque inaperçu. On n'en est pas mieux attelé. Loin de là, la nécessité d'un échange oblige bientôt à revenir chez le marchand. C'était prévu ; mais la difficulté d'un bon appareillage s'est accrue, et le prix du nouveau cheval qu'il faudra, selon toute apparence, remplacer une ou deux fois, portera le prix de cet attelage à un chiffre fabuleux.

On éviterait beaucoup de ces déceptions, plus désagréables souvent que les pertes d'argent qu'elles entraînent, en examinant avec le même soin chacun des deux animaux, ensemble d'abord, puis isolément, seul à seul, en détail, et en dernier lieu encore ensemble.

On place les chevaux tête à tête, côte à côte, sur un terrain uni, sur une surface plane, et l'on s'assure qu'il y a parité de taille, que la longueur est la même, que la conformation générale ne présente pas de choquantes disparates, que les principales régions du corps sont dans un rapport aussi complet que possible : un cheval enlevé, haut sur jambes, décousu dans ses formes, n'appareille pas du tout le cheval court, ample et compact ; on forme pourtant tous les jours de ces unions mal assorties. On voit si la direction de l'encolure est la même, si la tête arrive sans contrainte à la même hauteur chez l'un et l'autre ; on reconnaît qu'il n'y a pas une différence d'âge trop considérable, que le volume des pieds ne présente pas une disproportion trop marquée.

Ces premières observations terminées, il y a ou il n'y a pas lieu de passer à l'inspection détaillée de chaque animal. Pour celle-ci on procède comme nous l'avons dit, après quoi on revient à l'examen d'ensemble pour voir ce que seront les allures. Il est si ordinaire de trouver, dans une paire, un cheval aux mouvements allongés et un autre aux mouvements raccourcis, que, par exception seulement, on rencontre deux animaux marchant du même pied. Cet assemblage malencontreux nuit à l'élégance de l'attelage et fatigue également les moteurs qui le composent. Avant de les essayer à la voiture, on les fait donc marcher et trotter ensemble, convenablement accouplés et comme s'ils étaient attelés.

Les écrivains spéciaux se sont peu occupés de ces attelages composés. Est-ce parce qu'ils restaient plus assujettis aux caprices de la mode? Peut-être. Il faut reconnaître pourtant que le raisonnement et l'expérience les ont quelque peu affranchis aujourd'hui du joug de la tyrannique déesse. On a renoncé aux qualités négatives, à certaines formes bizarres ou défectueuses, si fort en vogue autrefois; on s'attache avec plus de raison aux qualités solides qui résultent d'une bonne conformation, d'un même degré de sang, de la plus grande égalité possible des actions sous le double rapport de l'étendue et de la durée. Quand on est parvenu à réunir ces conditions, on peut sacrifier sans crainte au désir, plus puéril que fondé, d'avoir deux chevaux de robe parfaitement pareille quant à la nuance et quant aux diverses marques qui peuvent les distinguer. Une cause fréquente et certaine d'inégalité dans les formes tient à la différence d'âge et d'origine. Quand la première paraît peu considérable chez de jeunes chevaux, qui n'ont point encore travaillé, on n'y fait pas grande attention au jour de l'achat; quelques mois plus tard, on est tout étonné d'avoir des animaux complétement dissemblables. Le même fait se produit parfois aussi avec des chevaux de même âge, sur lesquels le même mode d'alimentation détermine des effets différents quant au développement des diverses parties du corps. C'est alors une question de régime en face de laquelle nous ne sommes guère habitués à nous poser. Mais on sent de quelle importance il est ici de s'assurer que l'un des deux animaux n'a pas été vieilli par la chute forcée, par l'arrachement des dents de lait.

Il ne faut pas se le dissimuler, il y a de réelles difficultés à appareiller non-seulement pour le présent, mais encore pour toute la durée des services qu'ils doivent rendre, deux chevaux dont le principal mérite est presque dans le fait de leur plus entière ressemblance, quand on exige que celle-ci se retrouve à la fois dans la nuance du manteau, dans la taille, dans la conformation, dans la provenance, dans le volume, dans les moyens et dans la manière de s'en servir.

Tout bien pesé, néanmoins, le plus essentiel se réduit à ces deux conditions fort importantes : appareillage des allures, même faculté de résister à la même somme de travail ; en face de celles-ci, les autres considérations ne sont que secondaires. En effet, quel avantage trouverait-on à atteler ensemble deux chevaux du même poil, du même âge, de la même taille, de la même corpulence, offrant en tout les mêmes signes particuliers, s'ils ne pouvaient marcher du même pied? Nous avons déjà signalé cet écueil. Le cheval qui a les mouvements hauts avance peu; celui qui les a longs embrasse, à chaque pas, une grande étendue de terrain. Le premier force l'autre à se raccourcir, mais ce dernier oblige son compagnon à sortir de s moyens; tous deux s'usent vite et prématurément. L'a deur, le fond, l'égalité des allures, telles sont les cond tions premières, essentielles d'un bon appareillement d chevaux dont le service doit être en tout et toujours l même; les autres doivent leur être nécessairement subo données.

D. Le cheval à l'essai. N'achetez pas chat en po che; ne vous en tenez pas à l'étiquette du sac : voilà deu recommandations de la suprême sagesse. Les achats d chevaux sont accompagnés de si nombreux mécomptes que nous conseillons fort aux acheteurs de suspendre tou jugement définitif jusqu'après l'essai, jusqu'après essa sérieux même.

Autrefois cheval de route, le cheval de selle n'est plu aujourd'hui qu'un cheval de fantaisie et de promenade Qu'on le soumette donc, avant de conclure en ce qui le con cerne, à une promenade assez prolongée pour l'étudier à fond, pour lui demander dans une juste mesure, et savoi comment il donnera, ce qu'on se propose d'en obtenir à l'habitude, entr'autres, par exemple, un pas allongé, no fatiguant par sa lenteur ou sa lourdeur, un trot rapide e léger, un galop agréable et facile... Chemin faisant on reconnaîtra s'il sait son métier ou s'il est encore à dresser si le mors lui est familier, s'il est réfractaire à l'éperon, à quel degré il se montre sensible aux aides; si la bouche est faite; s'il est ombrageux; s'il se cabre, s'il rue, s'il est maniable et facile..... On le voit, il y a bien des enseignements à retirer de cet essai, en dehors de toutes les remarques qui ont été faites jusque là.

S'agit-il d'un cheval de voiture ou d'une paire de chevaux pour la calèche? Les *desiderata* sont les mêmes, bien que d'un ordre un peu différent.

On fait atteler, après s'être assuré que l'opération préliminaire du harnachement n'a causé aucune surprise, n'a déterminé aucune révolte. On voit comment le cheval seul se tient dans les brancards, quelle figure des chevaux appareillés font sous le harnais ; puis comment s'effectue le départ, s'il est hésitant, ou franc et loyal. On observe l'aisance et la vitesse naturelles des deux allures du pas et du trot en terrain plat, à la montée et à la descente ; puis, on pousse davantage, afin de savoir comment sera accepté, soutenu un travail plus rapide dans les mêmes circonstances. On modèrera le train, on suspendra la marche, on s'éclairera sur le degré de sensibilité de l'animal ou de l'attelage au fouet. On tournera successivement sur l'un et sur l'autre côté, et l'on prolongera la durée de l'essai pour le moins autant que devront durer les exercices journaliers. Les observations ne s'arrêteront pas à mi-côte. Il y a tout autant d'intérêt à savoir comment l'attelage se comporte au milieu et à la fin de l'essai qu'à son commencement. Il faut surtout savoir si, chez les chevaux qu'on a appareillés, l'égalité se maintient, s'il ne se manifeste pas du moins quelque disparate qui mérite qu'on s'y attache. L'égalité d'allures au départ, qui disparaîtrait pendant le travail sous l'inégalité des forces, ne serait plus qu'une cause de fatigue et de ruine.

En voilà bien assez, pensons-nous, pour justifier l'utilité d'un essai avant l'achat. Quoi qu'il arrive, il sera toujours instructif et ne saurait jamais avoir d'inconvénients.

Le marchand qui se refuserait à une simple épreuve témoignerait par cela seul du peu de confiance qu'il aurait lui-même dans le résultat. Il n'appartient point à l'acheteur de se montrer, sur ce point, plus large ou plus facile que le vendeur

Acheter en foire ou sur un grand marché n'est pas chose aisée. A moins d'une grande habitude, on se laisse facilement étourdir par la multitude qui gesticule, crie et grouille au milieu d'animaux qui courent, hennissent, s'appellent ou se repoussent. Il faut voir vite et se décider vite. Cependant, si l'on se hâte trop, on risque de mal acheter et d'acheter mauvais tout à la fois ; par ailleurs, si l'on tarde trop, on risque de voir enlever à sa barbe les chevaux qu'on aurait préféré emmener soi-même. Il faut aller aux foires pour étudier, pour apprendre, pour acquérir de l'expérience, et ne se hasarder à acheter qu'à bon escient.

Les chevaux de luxe ne paraissent guère dans les foires, en France, si ce n'est après la réforme. On y trouve quelquefois un bon reste de cheval, très-rarement des chevaux neufs. Il faut cependant en excepter les principales foires de la Normandie.

Par contre, toutes les sortes du type de trait proprement dit peuplent ces grandes réunions hippiques où les marchés se nouent et se concluent avec une rapidité surprenante. Malgré cela pourtant, on y soumet encore assez volontiers beaucoup de chevaux à certains essais de nature à donner une grossière idée de leur force musculaire. A Paris, voici comment les choses se passent à cet égard. « Un bémicycle, formé de deux ailes en arc de cercle, qui s'élèvent de chaque côté, afin de former une *montée* et une *descente*, sert à l'essai des chevaux de trait. La ville fournit les charrettes et les colliers nécessaires. La rétribution, pour un essai, est de 25 centimes. Les charrettes d'essai sont vides ; mais les acheteurs, leurs amis et les gamins, dont le marché aux chevaux fourmille, s'attellent derrière avec une ardeur qui triomphe quelquefois des efforts du moteur (Victor Borie). » Il est plus ordinaire, partout ailleurs que là, d'atteler les animaux à une lourde voiture dont les roues ont été enrayées, ou bien de les faire tirer sur un obstacle fixe quelconque, borne, anneau scellé dans un mur, arbre de grande dimension. On prétend juger par là s'ils sont *francs du collier*.

S'il est énergique et ardent, l'animal le mieux disposé peut facilement se rebuter après quelques à coups vigoureux, et passer pour *maufranc*. Cette épreuve est donc insuffisante ou erronée; dans aucun cas, elle ne permet d'évaluer ni la force ni la vitesse, les deux points les plus essentiels.

On pourrait substituer à ce mode défectueux un autre moyen qui nous paraît préférable à tous égards. Soit une chèvre de charpentier, solidement fixée au sol, à laquelle on adapterait : 1° à hauteur d'appui, un arbre en tout pareil à celui du treuil ; 2° une poulie assujétie au sommet des montants, de façon à ce qu'elle ne tourne pas sur elle-même, et portant une corde qui en descende pour venir se relever sous l'arbre ou essieu par l'une de ses extrémités à laquelle se trouve un palonnier. A l'autre bout de la corde, qui repose sur le sol, en arrière de l'appareil, sont attachés, de distance en distance, au moyen de chaînes articulées, des poids de pesanteur différente. Attelé au palonnier et faisant effort, l'animal soulève un des poids, puis deux, puis trois... jusqu'à concurrence de l'emploi de toute sa force. On mesure l'effort à l'instant où l'animal cesse d'avancer, en additionnant les kilogrammes soulevés. On obtient ainsi un résultat plus complet et plus facile à interpréter que par l'autre méthode ; car l'expérience a appris ceci, par exemple : le cheval qui, en quelques minutes, produit un effort de 400 kilogr. tire environ comme 50 kilogr. tant que dure une journée de travail ordinaire. Cette donnée au moins permet d'apprécier approximativement la somme d'efforts qu'on peut demander habituellement à un animal essayé de la sorte.

Concluons : sans épreuve, point de connaissances précises, réelles, fondées ; point de choix certains, par conséquent, pour les chevaux de service.

E. Les cas rédhibitoires. — Nous avons une loi sur les *vices rédhibitoires :* était-elle nécessaire ? n'est-elle réellement qu'une inutilité ? Ce n'est pas le moment de discuter cette question, *non est hic locus*. La loi existe, elle fonctionne, on a le droit de s'en servir et on ne s'en fait pas faute. Mieux vaudrait s'arranger de façon à s'en passer toujours.

Au surplus, elle ne gênera pas ceux qui ne s'en embarrasseront pas ; elle nuit seulement à ceux qui ne savent pas mesurer les limites précises en deçà desquelles est la protection, au-delà desquelles elle ne peut plus rien.

Et d'abord, elle qualifie, en les nommant, les vices réputés rédhibitoires. Il y en a onze pour les chevaux, savoir :

La fluxion périodique des yeux ;

L'épilepsie ou le mal caduc ;

La morve ;

Le farcin ;

Les maladies anciennes de poitrine, ou vieilles courbatures ;

L'immobilité ;

La pousse ;

Le cornage chronique ;

Le tic sans usure des dents ;

Les hernies inguinales intermittentes ;

La boiterie intermittente pour cause de vieux mal.

Pour chacun de ces vices, cela va de soi, la garantie est légale : pendant trente jours, pour les cas de fluxion périodique des yeux et d'épilepsie ; pendant neuf jours seulement, pour tous les autres vices dénommés.

Les délais se comptent, pour intenter l'action rédhibitoire, à partir du lendemain du jour de la livraison, avec une augmentation de un jour par cinq myriamètres de distance, du domicile du vendeur au lieu où l'animal se trouve actuellement.

L'action s'exerce par une requête présentée au juge de paix dans le ressort duquel est le cheval.

Le juge de paix nomme un ou plusieurs experts ; ceux-ci opèrent à bref délai et dressent procès-verbal.

En cas de mort, survenue pendant la durée des délais légaux, l'acheteur est tenu de faire la preuve que l'animal a succombé aux atteintes de l'une des maladies classées parmi les vices rédhibitoires. — Il est de même tenu de prouver, s'il s'agit de morve ou de farcin, que, postérieurement à la livraison de l'animal, celui-ci n'a été exposé au contact d'aucun autre animal affecté de ces deux maladies.

Voilà toute la loi. Elle est, certes, aussi explicite que loi puisse jamais être ; elle dit tout ce qu'on a voulu qu'elle dise ; aucune interprétation ne saurait ni l'affaiblir, ni la fortifier.

Mais elle laisse aux parties contractantes toute latitude pour la modifier. C'est le fait de conventions particulières, pour lesquelles le champ est resté complétement libre. Il en résulte une garantie toute spéciale, celle qu'on nomme *garantie conventionnelle*.

Acheteur et vendeur n'ont point à se préoccuper de la

garantie légale. A la rigueur, le premier peut laisser, en dehors de son examen, toutes recherches utiles à la découverte des onze vices réputés rédhibitoires, puisqu'il a pour lui la protection efficace de la loi ; et le second s'épand en paroles stériles, lorsqu'il dit sur tous les tons, en variant les formules, qu'il garantit l'animal de toutes les maladies, de tous les vices et de tous les défauts rédhibitoires, puisque, par le fait, il n'ajoute absolument rien aux dispositions de la loi, qui l'étreignent malgré lui et quoi qu'il en ait.

Dans certains cas, assez rares toutefois, le vendeur peu avoir un intérêt quelconque à se soustraire aux éventualités ; il peut n'être pas sûr du cheval dont il cherche à se défaire, il est possible qu'il le connaisse peu ou mal, et qu'il ne veuille ni le conserver, ni courir les risques de le voir rentrer dans son écurie. Il déclare alors qu'il le vend sans garantie. L'acheteur acquiesçant à ce désir ou à ce parti pris, regarde de plus près, obtient une réduction de prix et fait une renonciation en bonne forme du droit que lui confère la loi d'intenter une action rédhibitoire contre le vendeur. Ce contrat est parfaitement régulier ; chacun a agi en connaissance de cause et dans le sens de son intérêt bien ou mal compris. Nul n'a rien à y voir, rien à y reprendre surtout.

Il est plus ordinaire d'ouvrir, à côté de la garantie légale, une garantie conventionnelle, au sujet de laquelle il faut s'entendre, car elle pourrait n'être qu'un leurre, ainsi que cela se voit assez fréquemment. C'est alors une cause de déceptions préjudiciable à l'acheteur.

Le marchand a le verbe haut, très-assuré. Sans exception, ses chevaux sont *tous* bons, parfaits, sans défauts : il les garantit donc sains, nets, exempts de tous vices rédhibitoires. Autant de paroles, autant de recommandations auprès d'un acheteur crédule dont on flatte d'ailleurs d'autant plus le savoir qu'on le découvre plus ignorant ou moins expert. Celui-ci croit sauvegarder ses intérêts en demandant un billet de garantie. Ce billet est bien vite rédigé, signé, paraphé, mais dans les termes que nous avons dénoncés plus haut, lesquels n'ajoutent réellement rien à la garantie légale. Aussi, dès qu'il a découvert les inconvénients d'un vice ou d'une tare, contre lesquels il avait montré une certaine défiance, on lui prouve que cette tare ou ce vice n'étant pas au nombre de ceux que la loi a classés parmi les cas rédhibitoires, il n'y a lieu à aucune action contre le vendeur qui, par le fait, n'a garanti que ce que la loi garantissait le plus explicitement du monde. Ce n'est pas la garantie conventionnelle.

Celle-ci intervient à côté de la loi ; elle ne la double pas, elle l'étend en spécifiant très-nettement les cas et en lui laissant son plein effet, s'il y a lieu. Elle l'imite dans sa précision, afin de prévenir toute méprise, toute interprétation erronée ou contraire, tout mal entendu et jusqu'à moindre équivoque.

Tel est le caractère de la garantie conventionnelle sérieuse, efficace; l'autre n'est qu'illusoire. Dans sa formule, elle est nette, parce qu'elle exprime en entier ce qu'elle veut; l'autre reste dans le vague d'une déclaration générale qui ne se rapporte qu'à la garantie légale. Or, on n'a recours à une convention que pour ajouter à la loi quelque chose qui ne s'y trouve pas. De là l'obligation de mettre avec soin les points sur les i, sous peine de nullité.

Voici, du reste, comment nous croyons que pourrait être formulé un contrat semblable, passé au profit de l'acheteur :

Je soussigné... déclare garantir le cheval alezan... vendu et livré ce jour à... de toutes tares osseuses du jarret, *ou* de toutes suites fâcheuses d'un accident dont il porte les traces à l'œil gauche, *ou* de la méchanceté et de toutes habitudes vicieuses à l'écurie (mordre, ruer, tic de l'ours)... etc., etc.[1], et m'engage à le reprendre dans un délai de... si l'un de ces vices se manifeste, *ou* si l'accident n'est pas disparu, *ou* si la maladie n'est pas radicalement guérie à l'expiration du délai désigné; le tout sans préjudice de la garantie légale.

A......... le........ etc.

Enfin, il arrive quelquefois qu'au terme de la durée de la garantie, légale ou conventionnelle, l'acheteur, content d'ailleurs du cheval acheté et largement essayé, mais non encore définitivement rassuré sur le point spécial qui a fait demander une garantie conventionnelle, propose au vendeur de lui accorder une prolongation de garantie, un nouveau délai qu'on n'a plus aucun intérêt ni à discuter ni à refuser.

Ces précautions, qui ne donnent aucune peine, peuvent préserver de pertes et de grands ennuis.

Un dernier mot sur ce qu'on appelle la vente à l'essai.

Elle est toujours présumée faite sous une condition suspensive (C. N. art. 1588). C'est là tout à la fois son avantage et son inconvénient, avantage pour l'acheteur, inconvénient pour l'autre partie que n'arrangent point d'ordinaire les marchés provisoires, qui préfère, cela va de soi,

[1] Le point important, nous le répétons, est de désigner clairement, très-explicitement, le cas dont on fait l'objet de la convention.

les transactions définitives, dussent celles-ci amoindrir un peu ses bénifices. Les premiers, en effet, continuent là peser très-lourdement sur le vendeur; car si l'animal vient à périr pendant le temps d'essai, la perte est pour lui (C. N. art. 1182). Cela nous conduit naturellement à dire que l'acheteur doit toujours exiger une *déclaration écrite* que la vente est à l'essai et qu'il est accordé tant de jours pour le temps d'épreuve.

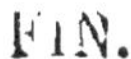

FIN.

TABLE DES MATIÈRES

FIN DE LA TABLE DES MATIÈRES.

www.ingramcontent.com/pod-product-compliance
Ingram Content Group UK Ltd.
Pitfield, Milton Keynes, MK11 3LW, UK
UKHW012218240726
13966UKWH00003B/829

9 782011 930293